런던, 티룸

런던, 티룸

런던 생활자가 안내하는
'나만의 티룸' 63곳

김소윤 지음

Tearooms in London

이봄

시작하며

이른 아침에 남편 아침식사를 차려주고 배웅을 하고 집안 정리를
한 뒤 개운한 마음으로 앉으면 오전 11시. 바쁜 오전 일과를 끝낸
후 한가하게 즐기는 모닝 티타임은 빼놓을 수 없는 나의 일상이
다. 잉글리시 브렉퍼스트 티백을 하나 꺼내 진하게 스트레이트로
우려내 한 잔 마시며 상쾌한 기분으로 하루를 시작한다. 'Break-
fast Tea'라는 이름답게 카페인이 아침잠을 쫓아내주는 것 같다.
세컨드 브렉퍼스트와 런치 사이의 모닝 티타임을 일컫는 일레븐
시즈Elevenses. "내가 지금 일레븐시즈를 즐기고 있구나!" 영국 생
활 8년차, 이제 나도 영국의 마담이 다 되었나 하는 착각에 '우아
하게 진주목걸이라도 걸칠 것을 그랬나!' 오버까지.

비가 종일 내리는 날이면 날씨의 우울함을 상큼하게 씻어줄 티타
임을 온몸이 원하게 된다. 진한 홍차를 택했던 아침과는 달리 은
은한 캐러멜 향의 홍차에 살짝 데운 우유와 라 페르슈La Perruche
설탕 하나를 넣어 달콤한 밀크티를 만든다. 갓 구워낸 따끈한 스
콘을 손으로 조금 뜯어 진한 크림과 잼을 듬뿍 발라 한입에 쏙 넣
고 티와 함께 즐기는 순간, 묘약이라도 마신 듯 궂은 날씨 따위는
잊은 단순한 여자가 된다. 해가 뜨지 않아 어두운 실내, 초를 켜놓
고 푹신한 소파에 앉아 따뜻하게 데운 잔을 두 손으로 잡고 창 밖

을 바라본다. 내리는 비가 오히려 티를 더 맛있게 느끼도록 해준다. 영국의 변덕스러운 날씨는 이렇게 극복하는 걸까.

집안 가득 햇살이 길게 들어오는 맑은 날이면 이야기가 완전히 달라진다. 삶은 달걀에 마요네즈와 버터를 넣어 촉촉하게 으깨고 어린 새싹을 잘라 한데 섞어 샌드위치 속을 만든다. 식빵 양쪽에 버터를 바르고 만들어둔 속재료를 가득 채우면 에그 샌드위치 완성. 그렇게 점심 대용 티푸드를 만든 날에는 남편에게 배달도 하고 같이 벤치에서 미니 피크닉을 즐기기도 한다. 마트나 티 전문 상점에 가면 카페인이 들어 있지 않은 나이트 티Night Tea를 찾아볼 수 있는데, 홍차뿐 아니라 커피도 너무나 좋아하는 나로서는 저녁시간에 카페인 걱정 없이 마음놓고 마실 수 있는 티가 있다는 것이 얼마나 다행인지 모른다. 남편과 하루 일과를 얘기하거나 블로그에 오늘의 일들을 기록하며 티와 함께 하루를 마무리하는 고요한 시간을 갖는다.

티타임으로 하루를 보낸다 해도 과언이 아닌 사람들의 나라, 영국. 나도 점차 아침 점심 저녁, 하루 동안 여러 잔의 티를 마시는 습관이 생기면서 '이곳에 잘 적응하고 있구나!' 하는 위안이 들었다. 긴장된 영국 생활의 적응기가 끝난 듯해 마음이 한결 가벼워졌던 기억이 난다. 그 후 자연스럽게 영국의 티 문화에 대한 깊은 관심이 생겨 영국인 아주머니의 티 수업을 들어보기도 하고, 유명한 티룸을 찾아다니는 재미에도 빠져들었다.

애프터눈 티는 제7대 베드포드 공작부인인 애나 마리아 스텐호프 Anna Maria Stanhope, 1788~1861에 의해 시작되었다고 한다. 어느 날 오후 5시, 베드포드 공작부인은 '축 가라앉는 기분 sinking feeling'이 든다며 하녀에게 차를 포함한 다과를 준비시킨다. 이를 통해 오후에 마시는 차가 기분 전환에 도움이 된다는 것을 알게 되고, 그 후부터 다과회에 친구들을 초대하기 시작한 것이다. 이 모임은 런던 전역으로 퍼져나가 애프터눈 티의 출발점이 되는데, 그 유래와 더불어 "영국에서 애프터눈 티에 초청되는 것은 우정의 시작을 의미한다"는 말도 함께 전해 들었다.

이 이야기에서 다른 무엇보다 '우정의 시작'이라는 말이 참 따뜻하게 다가왔다. 나 역시 낯선 타국 땅에서 만난 친구들과 친해진 것도 런던의 맛있는 티룸을 같이 찾아다니면서부터였으니 말이다. 점심을 조금 먹어 오후가 되면 허기를 느꼈다는 영국의 공작부인과 달리 아침도 푸짐하게 점심도 푸짐하게 먹는데도 오후엔 배가 고파지는 한국 마담들. 취향이 맞는 그녀들과 런던에서 예쁘고 맛있고 유명하다는 티룸을 찾아다니는 '티룸 데이트'를 즐기다 보니 런던 구석구석 많은 곳들을 알게 되었다. 그렇게 점점 나만의 런던 이야기가 담긴 티 한잔의 추억이 쌓여갔다.

'런던'과 '티타임' 두 가지 키워드로 이 책을 집어든 독자라면 분명 런던을 사랑하고 티타임을 즐길 준비가 되어 있는, 나와 취향이 아주 비슷한 분이리라 기대한다. 짧다면 짧고 길다면 긴 8년간의 영국 생활, 그 다양한 에피소드가 녹아들어 있는 나의 티룸 방문기가 "나도 이럴 때 이곳을 가면 좋겠구나!", "나도 이런 느낌을 받고 싶어!" 하는 식의 동기를 안겨줄 수 있는 '감성 안내서'가 되었으면 좋겠다는 생각을 해본다. 비록 지면상의 만남이지만 또다른 '우정의 시작'이 될 수 있지 않을까 하는 기대와 함께. 이 책이 단순한 가이드가 아니라 '티 한잔의 추억'을 같이 나눌 수 있는 친구가 되었으면 좋겠다는 욕심까지 가져본다. 내가 써내려가는 이야기가, 마주보고 같이 티타임을 즐긴다는 느낌까지 줄 수 있으면 좋겠다는 바람까지도!

2017년 2월
김소윤

차례

chapter 03
맛과 멋을 동시에 즐기자

chapter 01

런던은
처음이세요?

메릴본의 추억

런던의 프랜차이즈

친근한 로컬 카페

66

매일 수업에 들어가기 전에 근처 카페에서 아침을 먹고,
오전 수업이 끝나면 클래스메이트들과 거리로 나와
카페에서 점심을 먹으며 지내던 그때.

99

메릴본의 추억

스물일곱 살, 플로리스트 일을 시작한 지 4년째 되던 해였다. 영국의 꽃 문화를 배우고 싶다는 그럴싸한 핑계로 한 달 동안의 런던 여행을 계획했다. 플라워 스쿨 홈페이지에서 공지해놓은 수업들을 꼼꼼히 살핀 후 듣고 싶은 수업을 예약하고, 호텔 대신에 한적한 주택가의 가정집을 구하고, 긴 시간 동안 필요한 생필품을 잔뜩 챙기고 하느라 준비 기간만 6개월이 걸렸다. 이전의 여행은 가이드가 이끄는 대로 다닌 아주 짧은 기간의 일탈이었다면, 이번 경우는 항공, 숙소, 수업 예약까지 직접 모든 것을 다 해결하며 하나하나 준비한 제대로 된 나의 첫 여행이었다.

긴 시간의 비행 때문에 첫날밤을 숙면으로 날려보낸 다음날 맞은 런던에서의 첫 아침, 재잘재잘대는 아이들의 웃음 섞인 소리가 들려 방 창문을 열어보니 내 방 바로 앞이 아이들의 등굣길이었다. 내가 얻은 집은 런던 중심부에서 약간 떨어진 주택가에 있는 '플랫Flat'이라 불리는 형태의 집이었는데, 1층은 주인 언니 내외가 사는 방과 주방, 2층은 내 방 하나, 다른 유학생들 방 둘로 이루어져 있었다. 주인 언니에게 간단히 집 설명과 생활수칙을 들으며 난생 처음 셰어하우스에서의 생활을 시작했다.

꽃을 배웠던 제인 패커 플라워 스쿨은 메릴본Marylebone에 있었다. 바쁜 출근 시간을 막 지난 9시 30분경 스쿨을 찾아가는 길, 아침 공기 특유의 상쾌함이 작은 동네 메릴본을 감싸고 있었다. 테이크 아웃 커피숍 입구에서는 끊임없이 정장 차림의 직장인들이 컵 하나씩을 들고 나오고 있었고, 카페와 레스토랑에서는 테라스 자리를 정리하는 모습이 분주해 보였다. 정돈된 부티크 간판들에서 느껴지는 하이스트리트High street의 세련된 느낌이 이 동네의 첫인상이었다.

뉴 캐번디시 스트리트New Cavendish Street에 들어서자 하얀 건물 외벽에 검정 글씨로 쓰인 'Jane Packer'라는 글씨가 눈에 들어왔다. "Good Morning!" 직원이 친절하게도 활짝 웃으며 맞이해준다. 내부에는 잘 정돈된 꽃들이 투명한 유리병에 정갈하면서도 풍성하게 색깔별로 분류되어 꽂혀 있었다. 수업 시작 전 시간이 조금

남았으니 티 한잔하라라며 권한다. 플라워 스쿨 한쪽 창가 앞, 머그
컵과 티백과 커피가 준비된 미니바에서 그녀가 빠르게 한 잔 준비
해 내준 티는 내가 상상했던 전형적인 '홍차' 맛이었다. 씁쓸하면
서도 찻잎향이 느껴지는 오묘하게 깊은 맛! 처음으로 '영국의 홍
차'를 맛보았다는 점에서 그날은 아주 의미 있는 시간으로 남아
있다.

매일 수업에 들어가기 전에 근처 카페에서 아침을 먹고, 오전 수
업이 끝나면 클래스메이트들과 거리로 나와 카페에서 점심을 먹
으며 지내던 그때. 맛있는 레스토랑과 유기농 카페, 다양한 부티
크 들이 이어져 있는 멋쟁이들 가득한 곳에서 며칠을 지내다보니
나도 좀 멋있는 사람이 된 것 같은 착각에, 걸음걸이가 나도 모르
게 도도해졌던 기억이 난다.

그때의 착각 덕분일까? '런던 생활자'로 살게 된 뒤로도 누군가
"런던에서 제일 좋아하는 곳이 어디에요?" 물으면 고민 없이 일순
위로 대답하는 곳이 바로 이곳이다. 혼자여도 둘이어도 메릴본으
로 가세요! ☕

Amanzi Tea

아만지 티

1 시향을 할 수 있게 진열된 한쪽 벽면.
2 영국 내에서도 쉽게 맛보지 못하는 독특한 티들.
3 맛차 가루를 베이스로 한 프라페.

제인 패커 플라워 숍 바로 옆, 스쳐지나가면 못 볼 정도로 심플한 외관의 작은 공간이지만, 한참을 고민해야 할 정도로 많은 종류의 티를 보유한 티 전문점이다. 메뉴판 위 많은 티 종류를 보고 우두커니 서서 고민하던 때, 앞서 주문하는 많은 이들이 오묘한 컬러의 아이스 음료를 골라 나가는 것을 발견했다. 직원에게 물어보니 맛차 가루와 오레오 쿠키를 같이 갈아 만든 프라페라며 인기가 좋다고 했다. 맛차 가루를 썩 좋아하지 않는 현지인들이 많이 선택하는 음료라면 취향을 뛰어넘는 뭔가 특별한 것이 있지 않을까 하는 기대에 하나 주문해본다.

달콤한 오레오 쿠키 맛과 은은한 맛차 향이 살아 있는 음료. 인기 메뉴인 이유가 있다. 검은콩 음료 느낌이 나는 고소한 셰이크는 우리나라 사람들 입맛에도 잘 맞을 것 같다. 매일매일 와도 다 먹어보려면 오랜 시간이 걸릴 만큼 많은 종류의 티가 메뉴판과 벽면 진열장에 가득 채워져 있다. 잎차Leaf Tea를 주문하면 그 자리에서 바로 뜨거운 물을 붓고 타이머를 맞추어 정해진 시간에 우려낸다. 티백이 아닌, 잎을 우린 티를 포장할 수 있는 것이 티 전문점답다. 다양한 맛의 버블티와 아이스티도 인기가 많다.

한쪽 벽면은 시향을 할 수 있게 진열되어 있다. 아사이베리 티 등 영국 내에서 쉽게 맛보지 못하는 독특한 티들이 눈에 띈다. 메뉴판

앞에서 너무 고민이 된다면 바로 뒤편 진열장에서 시향 후에 그날 기분에 따라 맞는 티를 골라 마셔보자. 다양한 종류의 티만큼이나 다양한 사람들의 모습을 만날 수 있다. 작은 테이블이 충분히 마련되어 있어 혼자 티타임을 즐기기에도 절대 부담스럽지 않은 곳이다. ☕

24 New Cavendish Street, London, W1G 8TX
월-금 07:30~19:00 토 10:00~19:00 일 10:00~18:00
020 7935 5510
www.amanzitea.com

따뜻한 밀크티를 마시던 할머니와 할머니의 티타임을 조용히 기다려주던 강아지.
조용하지만 활기찬 공간.

Conran Kitchen

콘란 키친

1

2

1 지루함이라고는 찾아볼 수 없는 감각적인 내부 디자인.
2 안에 자리한 오픈키친의 카페.

메릴본 지역 북쪽 초입에 위치한 콘란 숍은 1997년 오픈했다. 가구, 조명, 주방용품, 사무용품, 패션 등 갖가지 감각적인 상품들을 모아놓은 믿을 수 있는 편집숍으로서, 감각적인 숍들과 레스토랑으로 세련된 이미지를 만들어내는 메릴본 하이스트리트가 지금까지 그 이미지를 계속 유지하고 있는 데 일조한 일등공신이다. 무언가를 사지 않아도 뛰어난 감각의 디스플레이가 정서적인 쇼핑 만족을 느끼게 해준다. 남들과는 다른 소품을 사고 싶은 유니크한 취향을 지닌 사람이라면 이곳의 안목을 믿어도 좋다.

그라운드 플로어 안쪽의 콘란 키친에서는 주문 즉시 만들어주는 신선한 샌드위치와 영국의 유명 케이크 디자이너 페기 포센Peggy Porschen의 케이크를 맛볼 수 있다. 카페에 자리를 잡고 콘란 숍의 감각적인 공간을 천천히 느껴보아도 좋다. 오픈 키친 앞쪽 카페 공간은 블랙&화이트로 이루어진 스트라이프 패턴의 테이블과 창가쪽 바 테이블로 세련된 공간을 이루고 있다. ☕

55 Marylebone High Street, London, W1U 5HS
월-토 10:00~19:00 일 11:00~18:00
020 7723 2223
www.conranshop.co.uk

108 Pantry

108 팬트리

1

2

1 밝은 공간, 과감한 컬러의 의자 조합.
2 다양한 종류의 영국식 홈메이드 케이크와 페이스트리로 채워지는 디저트 바.

메릴본 하이스트리트의 북쪽 초입부터 길가에 이어진 숍들을 구경하며 걸어오다보면 메릴본 빌리지 남쪽 끝에 위치한 108 팬트리를 만날 수 있다. 주변 거리의 매력을 그대로 반영한 듯 밝고 모던한 분위기가 기분까지 상쾌하게 만들어주고, 밝은 컬러의 인테리어에 과감한 컬러의 의자 조합은 디스플레이 되어 있는 케이크들과 어울려 식욕을 자극한다. 다양한 종류의 영국식 홈메이드 케이크와 페이스트리가 시선 닿는 곳마다 있는 달콤한 공간에서의 애프터눈 티를 즐겨보자.

친절한 직원들이 여러 종류의 티를 소개해준다. 영국의 그릇 브랜드인 버얼리의 테이블웨어와 그레이와 화이트의 깔끔한 스트라이프 패턴의 테이블웨어 등 갈 때마다 다른 세팅이 티타임 동안 눈을 즐겁게 한다. 꼭 3단의 애프터눈 티 세트가 아니라도 그날그날 달라지는 케이크 메뉴 중 마음에 드는 것을 골라 심플한 티타임을 가져도 좋은 곳이다. 재스민 아이스티에 민트와 진저향을 더한 티 칵테일도 이곳의 특색 메뉴이다. ☕

108 Marylebone Lane, London, W1U 2QE
매일 11:00~18:00 애프터눈 티 12:00~17:00
020 7969 3900
108brasserie.com/pantry

여행의 추억은 흔하게 볼 수 있는
프랜차이즈 카페조차도
어딘가 특별한 곳으로 만들어준다.

런던의 프랜차이즈

한 달간의 런던 여행이 끝나고, 한국으로 돌아가는 비행기에서부터 런던과의 이별 후유증은 시작되었다. 누군가 강제로 떼어놓은 연인 사이처럼 애틋했고, 멀리 떨어져 있어도 그곳의 향기가 선명하게 느껴졌다. 작은 하천을 바라보며 템스 강은 어디 있냐고 말도 안 되는 생떼를 부리기까지. 가족들과 친구들에게 놀림거리가 될 정도로 중증의 '런던 앓이'가 시작되었다.

헤어짐엔 시간이 약이라고 했던가. 운영하던 플라워 숍과 카페를 이전하고 다시 평범한 일상으로 돌아왔고, 남편을 만나 결혼을 하고 신혼 생활을 시작하면서 현실을 충실하게 보내고 있었다. 그리고 어느 날, 일상의 무료함에 런던행을 계획했던 스물일곱 살 때

처럼 반복되는 일상에서 벗어나기 위한 명약, 즉 '여행'이 필요한
시점이 돌아왔다.

아직 쌀쌀했던 4월의 초봄, 그리워하던 런던과 다시 만났다. 떨리
던 첫 만남 때와는 달리 조금은 여유가 생긴 모습으로. 첫 영국 여
행을 앞둔 남편에게 이런저런 조언을 해주고 나의 지난 여행기로
으스대며 영국 땅에 들어섰다. 입국 심사대를 나와 공항 도착 층
의 문이 열리는 순간, 그토록 그리워하던 냄새가 느껴졌다. 마치
세제 냄새 같기도 한 은은한 '런던 냄새'가!

도착 층의 대기 장소로 들어와서 한국에서 미리 예약해놓은 한인
택시를 기다렸다. 전화를 받으니 기사 아저씨가 사정이 생겨 조금
늦는단다.

"죄송해요, 차에 문제가 생겨서 한 40분 정도 늦을 것 같아요. 나
와서 오른쪽에 보시면 '코스타'라는 커피 전문점이 보이실 거예
요. 그곳에서 커피 한잔하며 기다려주세요."

통화를 끝내고 주변을 살펴보니 진한 자줏빛 컬러에 굵은 고딕체
로 'Costa'라고 쓰여 있는 곳이 보인다. 그리 맛있어 보이지도, 좋
아 보이지도 않는 그냥 평범한 커피 전문점의 첫인상에 아무 기대
없이 시간을 때우기 위해 커피를 주문하고 자리에 앉았다. 한시라
도 빨리 런던 구경에 나서고 싶었던 그때, 예상과는 달리 진하고
고소한 커피가 나왔고, 그 맛 덕분인지 지루할 줄 알았던 그 시간

은 '런던의 맛있는 커피'를 마신 좋은 기억으로 대체되었다.

이날의 기억 때문인지 지금도 우리나라에 휴가를 다녀오거나 다른 나라로 여행을 갔다가 영국으로 들어올 때 공항 도착 층에 들어서면 일단 코스타에서 영국 커피를 마시곤 한다. 그제야 영국에 돌아왔다는 것이 실감나는 나만의 웰컴 드링크^{Welcome Drink} 의식이 생겨버린 걸까. ☕

Caffè Nero

카페 네로

투샷의 에스프레소가 들어가 다른 곳보다 진한 맛의 네로 커피.

카페 네로는 품질 좋은 이탈리안 원두를 사용하는 커피하우스다. 전문 장인이 원두를 볶고 조합하는 그들만의 커피는 아주 진한 맛이다. 프랜차이즈지만 첫인상은 '딱 유럽스럽다!'랄까. 이탈리안 카페에서 영감을 받았다는 인테리어, 마호가니 나무의 커피바가 클래식한 느낌을 주고 브라운 가죽 소파와 여성스러운 포인트 등불, 벽면의 빈티지한 액자 장식은 가정집 같은 편안한 느낌을 준다.

레귤러 사이즈, 그란데 사이즈 모두 에스프레소가 더블 샷으로 들어가서 라테 같은 우유가 들어간 커피에서도 다른 곳보다 더 진한 맛을 즐길 수 있다. 영국 내 네 곳의 스쿨에서 교육받은 전문 바리스타가 내려주는 커피, 이탈리안 셰프 우르술라 페리뇨Ursula Ferrigno와 협력해 만든 이탈리안 푸드들이 준비되어 있다. 케이크 메뉴로는 레드벨벳 케이크가 인기가 좋다.

런던 내 많은 지점 중에서 가장 추천하는 카페 네로는 영국 공영방송국 BBC 정문에 위치한 지점이다. 커피를 마시다보면 지나가는 혹은 커피를 마시러 온 영국의 셀러브리티를 볼 수도 있다고 하니 눈을 크게 뜨고 만남을 기대해보자. ☕

Unit G015, BBC Broadcasting House, London, W1A 1AA
월-금 06:30~21:00 토 07:00~18:30
020 7637 7623
www.caffenero.co.uk

정성 담긴 샌드위치를 파는 곳

Pret A Manger

프레타망제

1 유기농 재료로 만든 라테와 치킨 아보카도 샌드위치, 감자칩까지 푸짐한 한끼.
2 쇼케이스를 채운 다양한 필링의 신선한 샌드위치.

영국의 맥도날드에 실망한 남편을 위해 대체할 곳을 찾아보다가 노란색 'M' 대신 짙은 와인색 간판에 별 하나가 선명한 곳으로 들어갔다. 샌드위치가 쇼케이스를 가득 채우고 있는 곳이었다. 점심시간 정장 차림의 회사원들이 바쁘게 테이크아웃을 해서 나오고 있었고, 매장 안에도 줄이 길게 서 있었다. 100퍼센트 유기농 우유와 커피로 만들었다는 라테가 아주 고소했고 재료 맛이 살아 있는 신선한 샌드위치는 허기진 오후의 기분을 좋게 만들었다.

프레타망제는 내추럴 푸드를 지향하며 1986년에 만들어진 30년의 역사를 가진 영국의 유명 체인 카페다. 모든 매장 안에(혹은 아주 가까이) 주방 설비를 갖추고 그날그날 재료를 다듬어 기계가 아닌 손으로 샌드위치와 샐러드를 만들어내는 것으로 유명하다. 화학 재료를 거부하고 공장에서 만든 제품을 팔지 않겠다는 처음의 설립 취지를 지금도 이어가고 있는 프레타망제는 영국뿐 아니라 미국, 파리, 홍콩, 상하이 등 세계로 뻗어나가고 있다.

프레타망제는 "유통기한이 표기되지 않는 샌드위치가 제일 프레시한 샌드위치"라고 말한다. 그날 팔리지 않은 제품들은 모두 기부하며 다음날 팔지 않는다는 것이 그 이유. 빠른 서비스는 패스트푸드 못지않지만 그 안의 요리는 패스트푸드와 다르다. 영국 내 많은 곳에 지점을 두고 있으니, 언제든 간단하게 샌드위치와 티타임을 하기 좋다.

재료들을 조합해서 유쾌한 아이디어로 만든 포스터를 보는 작은 재미도 있다. 다른 프랜차이즈에 비해 좀더 친절한 직원들을 만날수가 있는데 나중에 이곳에서 일을 했다는 친구의 이야기를 들어보니, 미스터리 커스터머를 이용해 본사에서 비밀리에 직원 친절도 조사를 해서 친절하게 응대한 직원에게 매달 일정 보너스를 지급한다고. 모든 면에서 철학이 아주 확실한 체인점이 아닐 수 없다. ☕
www.pret.com

Don't miss

오리고기와 호이신 소스를 싼 랩 샌드위치는 한국인의 입맛에도 잘 맞는 든든한 한 끼다. 토르티야에 미트볼과 치즈, 칠리토마토 소스, 양파를 넣고 말아 만든 스위디시 미트볼 핫 랩은 점심시간에 조금만 늦어도 품절되는 인기 메뉴! 미소국을 주문하면 커피처럼 컵에 담아주는 것이 재미있다. 테이크아웃 하면 가격이 절약된다.

식재료를 재미있게 구성해 만든 프레타망제의 유쾌한 포스터.

Le Pain Quotidien

르팽 코티디엥

1·2 우드 인테리어의 따뜻한 공간.
3 두 손 가득 온기를 전해주는 르팽의 일명 '사발 커피'.

'일용할 양식daily bread'이라는 뜻의 르팽 코티디엥은 매장에서 구운 건강한 빵을 제공하는 카페 겸 레스토랑이다. 현지의 친구들은 긴 이름 대신 짧게 줄여 "P.Q"라고 부른다. "할머니가 만들어준 큰 볼에 담긴 핫초코를 마셨던 따뜻한 기억을 추억한다"는 벨기에 출신 창업자는 어린 날 추억 속의 그 포근하고 따뜻했던 느낌을 매장에 재연하고 싶었다고 한다. 그가 추억하는 느낌 그대로, 커피를 주문하면 밥그릇 같은 생김새의 사발에 담겨 나오는데 따뜻한 볼을 두 손으로 잡고 있으면 따끈한 온기가 전해온다. 우드 인테리어와 벽돌로 된 벽에 걸린 블랙보드에 적힌 오늘의 메뉴, 한가운데 놓인 커다란 공용 테이블에 함께 앉아 음식을 먹는 풍경 등이 창업자가 전하고자 했던 따뜻함을 그대로 전해준다.

모르는 사람들끼리 나란히 앉기도 하고 친구들끼리 단체로 테이블에 앉기도 하는 공용 테이블은 벨기에에서 첫 매장을 오픈했을 때부터 있었던 이곳의 상징이다.

전문 베이커가 손으로 반죽을 하고 스톤에 구워낸 빵에 토핑 따라 골라먹는 샌드위치, 키슈Quiche와 샐러드 등 유기농 재료로 만든 건강한 메뉴가 준비되어 있다. 테이블에 놓인 유기농 꿀과 초콜릿 스프레드, 잼은 취향에 맞게 즐길 수 있다. 진한 초콜릿 맛을 느낄 수 있는 초콜릿 봄브Bombe 케이크나 벨기에 스타일의 와플을 사발 커피와 곁들여 먹을 디저트로 추천한다.

그레이트 말버러 스트리트의 매장 바로 맞은편에는 한국 식당 비비
고BiBiGo가 있어서 든든하게 한식으로 한끼를 해결하고 '디저트 배'
가 따로 있는 우리들의 욕망을 채우기에 딱 좋다. 야외 테이블에
앉아 바삐 지나다니는 사람들의 활기찬 분위기에서 쉬었다가도 좋
겠다. ☕

18 Great Marlborough Street, London, W1F 7HU
월-금 07:30~22:00 토 08:30~22:00 일 09:00~19:00
020 3657 6948
www.lepainquotidien.co.uk

같이 모여 앉기도, 혹은 같은 공간을 나누어 쓰기도 하는 공동 테이블은 르팽 코티디엥의 상징이다.

“

낯설지만 예쁜 동네의 로컬 카페에서
하루쯤 동네 주민처럼 지내보기.

”

친근한 로컬 카페

두번째 런던과의 만남은 그렇게 일주일의 짧았던 시간으로 마무리되었다. 런던을 향한 나의 마음을 남편도 확인했는지, 아니면 여행 전에 "런던 뭐 별거 있겠어?" 했던 본인도 나 몰래 사랑에 빠지게 된 것인지, 우리는 1년의 준비 끝에 2010년 유학생 부부의 신분으로 다시 런던과 만나게 되었다. 백번 찍어 안 넘어오는 나무는 없다고 했던가! 런던은 그렇게 세 번 만에 나에게 넘어온 …… 줄 알았다.

처음과 두번째 만남에서 느꼈던 환상은 '살아보기'를 시작하면서 무참히 깨져버렸다. 미리 배정받아 온 커플 기숙사는 좋은 말로 하면 '둘이 살기 딱 좋네!'였고, 현실적으로 말하면 '좁아터진 작은 집'이었다. 기숙사 직원의 안내에 따라 설명을 듣고 건물 안내를 받으며 '영어 듣기 평가'의 생활이 시작되었다. 직원이 "Copy해서 줄게"라고 하는 말에 내가 "Coffee 마시자고 하는 거야?"라고 물으니 남편이 나를 걱정스럽게 쳐다본다. 팔려온 새색시마냥 엄마한테 돌아가고 싶다고 징징거리며 정착 첫날밤을 보냈고, 가차없는 시간의 흐름은 현실을 빨리 맞이하게 만들었다.

핸드폰을 개통하기 위해서는 주소지 증명을 위해 내 이름과 내 주소 앞으로 배달된 3개월의 청구서를 모아가야 했고, 은행 계좌를 오픈하기 위해 학교에서 보증하는 레터를 내고 심사를 받아야 했다. 슬슬 관광객일 때는 겪지 않았던 모든 '느림'을 경험하게 되었다. 관광객일 때 중국인이냐 일본인이냐 물을 때 웃으며 아니라고 할 수 있었던 여유는, '한국도 몰라? 한국 무시해?'라는 자격지심으로 변질되어갔다.

내 나라가 아닌 외국인으로서의 삶에 지쳐갈 때쯤, 아이러니하게도 내가 사는 동네에 점차 익숙해졌고 단골 가게도 생겼다. 세탁소 아저씨와 오고가며 인사를 나누는 사이가 되었고, 남편에게 항상 "미스터 다카타"라고 부르는 기억이 깜박깜박하는 할머니와도 본의 아니게 친분이 생겼다. 그렇게 우리 동네의 풍경과 사람들과 정이 들기 시작했고, '낯섦'에서 오는 경계심과 불안함은 서서히 없어졌다.

'매일매일 여행하기'라는 마음으로 런던 생활을 즐길 수 있었던 것도, 내가 살던 낯선 동네와 친해진 이때부터였던 것 같다. 낯설지만 예쁜 동네의 로컬 카페에서 하루쯤, 동네 주민처럼 지내보는 것은 어떨까. 진짜 런던의 매력은 사람 사는 냄새가 나는 작은 동네에서 더 많이 느낄 수 있으니까. ☕

Louis Patisserie

루이스 파티스리

1

2

3

1 루이스 파티스리만의 정겨운 케이크와 포장 상자.
2 잔잔한 꽃무늬의 사랑스러운 빈티지 테이블웨어.
3 클래식한 분위기의 벽장식과 가죽 소파.

어느 날 우연히 본 일간지 속엔, 영화 〈해리포터〉 시리즈의 주인공 엠마 왓슨이 화장기 없는 얼굴에 스웨터와 청바지의 캐주얼한 차림으로 친구와 동네 카페에서 커피를 마시는 사진이 실려 있었다. 그 밑에 적힌 문구는 이랬다. '런던 북쪽의 햄스테드의 카페에서 엠마 왓슨.'

런던 북쪽, 일명 '런던의 부촌'이라 불리는 햄스테드 빌리지. 파파라치 사진들에서 보이듯 톱스타들이 거주하는 동네로 유명하다. 예전에는 귀족들의 동네였다는 것을 증명이라도 하듯 인근에는 저택들이 자리를 잡고 있다. 역에 내려서 보이는 하이스트리트뿐 아니라 큰길 옆쪽으로 난 골목마다 아기자기한 로컬 숍과 카페가 많아 심심할 틈이 없는 작고 우아한 분위기의 동네다. 미국의 맥도날드가 이 동네에 들어오기 위해 간판 디자인을 바꾸고 나서야 오픈을 허가받았을 만큼 로컬 색이 강하다(결국 이곳의 맥도날드는 2013년 문을 닫았다).

이곳에 1963년 오픈 당시의 모습을 그대로 이어오며 한자리를 지켜오고 있는 곳이 있다. 헝가리인 설립자의 이름을 그대로 딴 티룸 겸 케이크숍 부이스 파티스리다.

외관의 파란색 간판과 스트라이프 천막의 조화가 옛 영화 속의 이미지를 연상시킨다. 유리창 너머 각종 케이크들이 쇼케이스를 가득 채우고 있다. 안으로 들어가면 무게감 있는 우드 패널로 장식한 벽면을 따라 갈색 가죽 소파와 작은 테이블이 길게 이어져 있고 앙증맞은 조명들이 은은한 빛을 밝히고 있다. 요즘의 세련된 베이커리 카페와는 사뭇 다른 느낌은 케이크 맛에도 그대로 반영되어 있다. 케이크를 한입 먹으니 어릴 때 동네 빵집에서 먹었던 버터크림 케이크의 맛이 떠오른다. 젊은이들이 많이 오는 바로 근처의 트렌디한 카페와 달리 동네 할아버지, 할머니들이 많이 오는 곳으로 오래전 빵집의 향수를 좋아하는 사람에게 추천한다.

격식을 따지진 않지만 갖출 것은 다 갖춘 티 세팅. 진하게 우려낸 뜨거운 티에 우유를 듬뿍 넣고 설탕 한 조각 넣어 달콤하게 즐기는 밀크티와 향수를 느끼게 해주는 케이크 한 조각으로 편안한 티타임을 즐겨보자. ☕

32 Heath Street, London, NW3 6TE
매일 09:00~18:00
020 7435 9908

········· **Find out more!** ·········

라 크레페리 드 햄스테드 La Creperie de Hampstead는 햄스테드를 찾는
또 하나의 중요한 이유다. 길게 늘어선 줄도 다 용서되는 맛! 식사 대용
의 세이버리와 디저트용 스위트 크레이프가 있다. 버섯 시금치 크레이
프를 추천한다.

77 Hampstead high street, London , NW3 1RE
수-목 13:00~19:00 금-일 12:00-23:00

Hightea of Highgate Tearoom

하이티 오브 하이게이트 티룸

1 하이게이트 언덕 위에 보이는 티룸의 전경. 2 티웨어들을 판매하고 있는 그릇 장식장.
3 입에서 우유가 나오는 재미있는 모양의 밀크 저그. 4 매번 다르게 세팅되는 빈티지 티웨어.

하이게이트는 런던 중심부에서 북쪽으로 조금 떨어져 있는 마을이다. 빅토리아 시대 후기까지만 해도 이곳은 런던에 속한 곳이 아니었다고 한다.

버스를 타고 근처에 다다르거나 하이게이트 지하철역에서 내리면 큰 나무들이 보이고 숲을 낀 도로를 지나게 된다. 높은 곳에 위치해 있어서 걷다보면 런던 시내가 아래로 내려다보이는 풍경도 심심치 않게 만날 수 있다. 한 정거장 차이인 아치웨이Archway 역에서 내려 하이게이트 하이스트리트로 올라가는 길의 왼쪽으로는 주민들의 좋은 쉼터 워터로우 파크Waterlow Park가 있고, 계속 올라가다보면 조지안 양식의 우아한 집들이 경사를 따라 쭉 이어져 있는 걸 볼 수도 있다. 언덕 끝에 다다르면 펍과 숍, 레스토랑들이 즐비한 하이스트리트가 나온다. 공기 좋고 예쁜 이곳에 사랑스러운 티룸이 하나 있다. 주민들의 사랑을 받는 곳답게 이름 역시 하이티 오브 하이게이트!

구석구석 주인의 손길이 많이 닿아 있는 곳. 친구 집에 온 것처럼 편안한 분위기의 작은 티룸이다. 구비된 티 종류가 많아 맛있는 것 하나만 추천해달라 물었더니 스프링플라워 티Spring Flower Tea가 아주 맛있다고 권해준다. 우유를 조금 넣어 은은한 꽃향기의 밀크티로 한 모금 마시니 꽃길을 걷는 듯 향기가 코끝에 확 퍼진다. 꽃그림이 그려진 찻잔과도 어우러지는 기분좋은 순간이다.

아기자기한 여성스러운 분위기지만 의외로 혼자 온 남자 손님들이 많아 놀라웠다. 테이블마다 놓인 캐롯 케이크를 따라 주문해서 맛본 순간 그들이 혼자서라도 온 이유를 알 수 있었다. 집에서 구운 듯 소박한 맛의 스콘과 캐롯 케이크가 아주 맛있다. 매일 갓 구운 케이크가 카운터 위에 올려져 있어 입맛을 돋운다. 그릇장의 빈티지 티세트와 밀크저그, 직접 블렌딩한 티도 판매한다. ☕

50 Highgate High Street, London, N6 5HX
화-토 10:00~17:30 일 11:00~17:30
020 8348 3162
www.highteaofhighgate.com

단골들의 발걸음을 멈추지 못하게 하는 이곳의 대표 메뉴, 캐롯 케이크.

맛있는 컵케이크를 찾아서

Primrose Bakery

프림로즈 베이커리

1

2

1 멀리서도 눈에 띄는 귀여운 창문의 컵케이크.
2 비트루트로 색을 더해 색소 양을 최소한으로 줄여 만든다는 레드벨벳은 홀케이크로도 인기
메뉴.

런던으로 오기 전, 짐을 싸면서 한정된 무게와의 싸움을 해야만 했다. 이삿짐 양이 한정되어 있어 짐 리스트를 매일매일 바꾸고 물건들을 넣었다 빼다를 반복했다. 영국은 모든 것이 비싸다는 말에 겁을 먹어, 손톱깎이며 눈썹 다듬는 칼이며 볼펜, 지우개, 냄비까지 몽땅 쌌으니 가방은 이미 가득찬 상태. 하지만 가방이 토하기 직전이어도 포기할 수 없는 것이 있었다. 바로 컵케이크 레시피 책들! 컵케이크 사랑이 유난스러울 정도로 강한 나는 런던에서 매일 다른 맛의 컵케이크를 굽고, 맛있는 컵케이크 집을 찾아다니겠다는 기대에 부풀어 있었다. 이런 나에게 너무나 천국 같은 동네가 있었으니, 맛있는 컵케이크 집이 두 곳이나 있는 프림로즈 힐 빌리지였다.

초크팜Chalk Farm역에서 프림로즈 힐을 가리키는 화살표 방향으로 틀어서 리젠츠 파크 로드를 따라가다 기찻길 위 조금은 삭막해 보이는 도로를 지나면 반전 매력의 아기자기한 빌리지가 시작된다. 강아지들과 산책 나온 주민들이 유난히 많이 보이고(케이트 모스가 강아지와 산책하는 모습이 자주 포착된다고 한다) 펫숍도 많이 눈에 띈다. 다른 동네에서는 보기 힘든 예쁘게 인테리어 된 채리티숍charity shop, 중고품 자선상점이나 오래된 서점도 구경할 만하다. 런던 시내 다른 곳과 비교해 상대적으로 조용한 동네. 예전부터 이어온 고유의 평화로운 분위기 덕에 많은 런더너들이 살고 싶어하는 곳이자 유명한 연예인들의 마을이기도 하다. 예쁜 파스텔컬러로 칠해진 집들이 이어져 기분까지 상큼하게 만드는 곳이다.

이곳에 메인 거리와는 조금 떨어져 있는데도 끊임없이 손님이 찾아가는 컵케이크 집이 있다. 2004년 10월에 오픈한 프림로즈 베이커리. 아기자기하고 따뜻한 느낌의 인테리어, 창가와 카운터를 가득 채우고 있는 컵케이크들과 달콤한 디저트들 덕에 들어서자마자 입가에 미소가 샘솟는다. 좋은 재료를 사용해 집에서 바로 케이크를 구워 먹는 듯한 느낌을 주고 싶다는 오너의 따뜻한 생각이 공간에 가득 녹아 있다. 다양한 맛의 기본 컵케이크에 매달 스페셜 컵케이크를 만들어내고 있는 곳. 아이들이 좋아할 만한 캐릭터 컵케이크는 어른이 보아도 탐난다.

모히토, 마티니 등 칵테일 맛을 녹여낸 칵테일 컵케이크는 식사 후 디저트로 추천한다. 에코백, 앞치마, 티 타월, 손수 만든 컵케이크 레시피 등의 상품도 진열되어 있어서 컵케이크 팬들에게는 쇼핑하는 재미까지 제공한다. ☕

69 Gloucester Avenue, London, NW1 8LD
월-토 08:30~18:00 일 09:30~18:00
020 7483 4222
www.primrose-bakery.co.uk

진한 커피와 달콤한 케이크의 조합은 꾸물꾸물 흐린 날씨에 기분을 끌어올려주는 특효약.

Sweet Things

스윗 띵스

다양한 맛을 여러 개 먹어도 죄책감을 덜게 하는 미니사이즈의 컵케이크들.

데이비드 베컴이 좋아한다는 핫초콜릿, 유명 요리사 니젤라 로슨 Nigella Lawson이 세계에서 최고로 맛있다고 극찬한 브라우니를 파는 작지만 유명세만큼은 대단한 스윗 띵스. 프림로즈 베이커리가 관광객들에게 유명하다면, 이곳은 동네 주민들에게 케이크의 촉촉함에서 높은 점수를 받는 곳이다. 달콤한 케이크를 좋아해서 프로젝트 매니저 일을 그만두고 베이킹의 세계에 뛰어들었다는 오너는 스스로 케이크에 미쳤다고 말한다. 다양한 맛의 컵케이크는 레귤러 사이즈와 레귤러 사이즈를 1/3로 줄여놓은 미니 사이즈로도 준비되어 있어 여러 가지 맛을 부담 없이 조금씩 맛보기에 좋다.

컵케이크를 장식하는 색색의 토핑들로 채워놓은 유리 테이블이 인상적이다. 테이블 공간은 좁고 협소해서 날씨가 좋다면 컵케이크를 사서 리젠트 로드Regent's Road를 따라가면 나오는 프림로즈 힐로 올라가 그 위에서 런던 시내를 바라보며 즐기는 것을 추천한다.

매장에서 직접 굽는 스콘과 베이글도 컵케이크 사이에서 꾸준한 인기를 얻고 있다. 가끔 이곳에서 주드 로를 목격했다는 소식이 들려오니 달콤한 만남까지 기대해보자. ☕

138 Regents Park Road, London, NW1 8XL
020 7722 2107
월-금 08:30~17:00 토 09:00~17:00 일 09:30~17:00
www.sweetthings.biz

Cannizaro House

카니자로 하우스

1·3 카니자로 파크가 시원하게 펼쳐진 뷰.
2 스콘과 잼과 크림으로 구성된 크림티 메뉴.

윤기가 흐르는 잘 관리된 카펫 같은 초록 잔디, 그 위 하얀 옷을 입고 멋있는 플레이를 보이는 선수들. 경기 중의 침묵은 승부가 나자마자 함성으로 바뀐다. 바로 윔블던 테니스 코트의 풍경이다.

매년 열리는 유명 테니스 대회의 이름이기도 한 윔블던은 평소에는 평범한 주거지로 돌아간다. 역 주변은 큰 쇼핑센터와 숍들이 즐비한 번화한 거리지만, 윔블던 힐 로드를 따라 올라가면 평화롭고 아름다운 집들이 이어지는 한적한 주택가가 나온다. 윔블던 힐을 지나 윔블던 빌리지까지 올라가면 카페들과 가구와 소품 가게, 옷가게, 꽃집 등이 모여 있는 유니크하면서도 편안한 분위기의 거리가 펼쳐진다. 주변엔 녹지를 비롯해서 크고 작은 공원들이 인접해 있어 하루 동안 여유 있게 밥을 먹고 쇼핑을 하고 공원 산책을 하고 티타임을 하기에 매력 만점이다.

윔블던 안쪽 깊숙한 주택가에 위치한 카니자로 하우스는 관광객보다는 현지 주민들이 많이 찾는 곳이다. 윔블던 역 맞은편에서 93번 버스를 타고 네 정거장 뒤에 내려 카니자로 로드를 따라 윔블던 커먼 공원Wimbledon Common을 가로질러 웨스트 사이드 커먼West Side Common에 다다르면 카니자로 하우스 호텔 정문이 보인다.

이 호텔은 예전엔 귀족의 저택으로 사용되었던 사유지였다가 카니자로 공원과 함께 시민들을 위해 공개된 곳으로, 저택에서 즐기는 티타임의 로망을 대신 실현시켜준다. 호텔의 안쪽 거대한 통창으로 둘러싸인 오랑주리Orangerie에 들어서면 근처 저택에 사는 듯 보이는 멋지게 차려입은 나이 지긋한 할아버지나 할머니들, 미팅중인 바쁜 비즈니스맨들, 아이를 학교에 보내놓고 한가로이 티타임을 즐기는 엄마들의 모습이 보인다.

스콘을 주문하면 두 개의 따끈한 스콘과 잼, 클로티드크림이 실버디시에 세팅되어 나온다. 부드럽고 고소한 스콘과 티와 함께하는 크림티 메뉴를 추천한다. ☕

West Side Common, London, SW19 4UE
033 0024 0706
애프터눈 티 매일 15:00~17:00
www.hotelduvin.com/locations/wimbledon

·············· **Find out more!** ··············

영국이 떠들썩해지는 6월 말부터 7월 초의 윔블던 시즌은 딸기가 가장 많이 나오고 맛있는 시즌이다. 그래서 이때쯤이면 딸기와 크림을 함께 곁들인 메뉴들이 많이 보인다.

탁 트인 공원 전망이 펼쳐져 저택에서의 티타임의 로망이 실현되는 곳.

런던에 도착해서 거의 처음 듣는 말이자, 런던을 떠나는 날까지 들려와 일상으로 돌아가서도 귓가에 맴돌 런던의 소리, "Mind The Gap!" 1969년부터 런던 지하철에서는 열차와 승강장과의 넓은 틈gap을 신경쓰라mind는 말인 "Mind the Gap"이 울려퍼지고 있다. 다음은 티타임과 함께하는 런던 여행에서 'mind' 해야 할 몇 가지 사항이다.

1. 예약하기

대부분의 티룸이나 카페는 홈페이지를 통해 예약을 받고 있으니 방문 전 예약을 하는 것이 좋다. '창가 자리', '생일 티타임', '결혼기념일' 등의 특별한 요청사항을 전달할 수도 있다. 예약 시간에 늦거나 취소해야 할 상황에는 이메일로 취소나 변경이 가능하니 노쇼가 없도록 하자.

2. 자리 안내받고 주문하고 계산하기

프랜차이즈 커피 전문점을 제외하고는 입구에서 테이블 안내를 받도록 하자. 직원에게 몇 명인지 전달하고 적당한 자리를 안내해줄 때까지 기다리면 된다. 자리에 앉고 메뉴판을 보는 동안 음료부터 주문을 받는 경우가 많다. 생각할 시간이 필요하면 직원을 세워두지 않고 좀더 살펴보겠다고 말하자. 선불이나 셀프서비스가 아닌 곳에서는 계산을 위해 계산서를 요청하고 테이블에 앉아 계산하면 된다. 보통 12.5%의 서비스 요금이 포함된 계산서를 받게 되는데 포함이 안 된 경우라면 10% 정도의 서비스 요금을 주는 것이 적당하다.

3. 드레스 코드

몇몇 호텔을 제외하고는 특별한 드레스 코드는 없지만, 일반적으로 청바지나 스포츠 의류, 샌들이나 캐주얼 모자는 피하는 것이 좋다.

4. 영국의 휴일

• 뱅크 홀리데이Bank Holiday: 일반 공휴일로 은행 및 관공서와 거의 모든 직장이 쉰다. 상점과 레스토랑, 카페는 대부분 정상영업을 하지만 일요일의 영업시간과 같거나 문을 닫는 곳도 있으니 꼭 확인하자.

May Bank Holiday: 5월의 첫번째 월요일

Spring Bank Holiday: 5월의 마지막 월요일

Summer Bank Holiday: 8월의 마지막 월요일

• 새해와 크리스마스: 크리스마스는 교통 및 모든 상점이 운행을 중단하고 문을 닫는다. 꼭 참고해두자.

Christmas day: 12월 25일 Boxing day: 12월 26일

New Year's day: 1월 1일

• 이스터Easter: 크리스마스, 연말과 함께 영국의 대표적인 휴일로 몇 달 전부터 이스터 휴가를 계획하는 사람들이 많다.

Good Friday: 부활절과 가까운 금요일

Easter: 부활절 Easter Monday: 부활절 다음 월요일

5. 알아두면 좋은 용어

• 그라운드 플로어ground floor: 우리나라의 1층을 말한다. 이어서 first floor, second floor, third floor로 올라간다.

• 리프트lift: 승강기를 엘리베이터가 아닌 리프트라고 지칭한다.

• 테이크 어웨이take-away: 테이크아웃take-out 대신 사용한다.

• 화이트 커피white coffee: 우유를 넣은 커피. 아메리카노를 주문하면 "White or black?" 혹은 "with milk?"라고 묻는 경우가 있다.

• 플랫 화이트flat white: 에스프레소에 스팀으로 데운 부드러운 우유를 거품이 거의 없이 평평하게 부어준 진하고 부드러운 커피.

• "Chocolate powder on Top?": 카푸치노를 주문하면 대부분 초콜릿 파우더를 뿌리는지 물어본다.

• "In the Queue.": '줄을 서다'라는 표현이다. 계산대나 화장실에서 간혹 "Are you in the queue?"라는 질문을 받는 경우가 있다.

chapter 02

런던의 가든과
공원에서
즐기는 티

사계절 다른 모습의 도심 속 쉼터

날씨 좋은 날엔 피크닉

크기만큼이나 즐거운 공원

왕실의 정취를 느낄 수 있는 곳

66

같이 나눈 고민이 해결되고,
같이 나눈 희망의 대화가 실현되는 일도
많았던 그곳.

99

사계절 다른 모습의 도심 속 쉼터

해가 부쩍 길어진 것을 실감할 수 있었던 초봄의 어느 날 저녁, 늦게 먹은 점심에 간식까지 야무지게 챙겨 먹었더니 도통 배가 꺼지지 않아 자주 가는 산책길을 따라 동네 공원으로 천천히 걸어가본다. 한창 저녁식사를 할 시간이어서인지 낮 시간의 분주함은 사라지고 한적한 분위기가 우리를 맞이해준다. 공원에 들어서자마자 흐드러지게 피어 있는 벚꽃이 만들어내는 장관이 너무나 아름다웠다.

스완 레인Swan Lane이라는 예쁜 이름을 가진 동네 공원은 주택가 약간 옆으로 나 있는 숲길을 따라 들어가면 비밀스럽게 모습을 드러내는 주민들의 쉼터이다. 아이들을 위한 놀이터도 있고, 솜씨 좋은 아저씨의 아담한 카페도 있다. 아저씨의 어머니가 만든다는 케이크는 세련되진 않았지만 맛이 좋다. 우리 부부는 런던에 와서 '산책'이라는 공동의 취미가 생겼다. 이곳에서 같이 나눈 고민이 해결될 때도 있고, 같이 나눈 희망의 대화가 실현되는 경우도 많았다. 아무래도 스완 레인의 나무들이 우리 말을 다 들어준 게 아닌가 하는, 나이에 맞지 않는 동심 가득한 생각까지 해보았다.

여름방학을 맞아 아이들이 점령한 스완 레인에는 반가운 손님이 가끔 찾아온다. 경쾌한 리듬의 벨소리가 멀리서 들려오고 그 소리가 조금 더 가까워지다가 이내 귀여운 장식을 한 아이스크림 차가 입구에 모습을 드러낸다. 차가 공원을 달릴 때면 아이들이 공을 차고 놀거나 놀이터에서 그네를 타다가도 곧장 "아이스크림 카!"라고 외치며 차를 따라 뛰어가는 모습이 우리 어릴 적 소독차를 따라 달리는 모습 같아 웃음이 났다. 어른들의 마음까지 움직이게 한 것인지 여름날 그곳에 있다보면 아이스크림 차의 종이 울리기를 은근히 기다리게 되더라.

늦가을, 보통 때와 다를 것 없는 평범했던 주말, 멀리 떨어진 우리나라에서는 추석을 맞이하고 있었고 뼛속까지 한국 사람인 우리는 인터넷 라디오 방송을 들으며 우리만의 추석을 보내고 있었다. 여느 날과 마찬가지로 스완 레인으로 산책을 나섰는데 재즈 공연 준비가 한창이었다. 리허설 공연에서 들려오는 노랫소리는 가을 하늘과 맞물려 분위기를 더했다. 동네 할머니, 할아버지들이 나타나더니 명당자리를 잡고 하나둘씩 동네 주민들이 속속 모여든다. 동네 잔치이다보니 아는 얼굴끼리 인사를 나누기 바쁘다.

우리도 집으로 다시 들어가 재즈 공연을 즐길 준비를 하고 다시 나왔다. 설치된 부스에서 파는 음료를 마시고 케이크를 먹으며 공연을 즐겼다. 우리에겐 추석이니 이런 멜랑콜리한 재즈말고 신나는 우리 가락 좀 불러주었으면 좋겠네, 하고 싱거운 농담을 나누며 덕분에 런던에서의 추석을 시끌시끌 명절 분위기 속에서 보냈다. 집에 와서 기름에 바싹 부친 전으로 추석 기분을 만끽하고 보름달을 구경하러 나갔다. 서양 사람들은 보름달이 뜨는 날을 무서워한다고 들었는데, 그 밑에서 달을 보며 손 모으고 소원 빌고 있던 동양인 여자를 봤으면 좀 무서웠겠다.

큰 공원일 수도 있고 작은 오픈스페이스일 수도 있는 주민들의 동네 쉼터는, 크기와 계절에 상관없이 생활하는 동안 상당한 시간을 보내는 곳이고, 그곳에서 받는 축하, 위안 등의 힘 또한 참 크다. 주민들의 쉼터에서 차 한잔하며 한 박자 쉬어가는 건 어떨까. ☕

Refreshment House

리프레시먼트 하우스

1 햇볕을 즐기러 나온 사람들이 가득한 여름의 공원.
2 골더스 그린 파크의 언덕 위 녹색 카페.

무더위가 계속되는 여름날, 너무 더워 이른 아침부터 지칠 때면 골더스 힐 파크를 피서지로 택하곤 한다. 공원에 들어서면 잔디밭 위에서 휴식을 취하는 사람들이 많이 보인다. 햇볕을 피하러 온 우리와는 반대로 햇볕을 즐기러 온 모습들이다. 온몸에 햇살을 저장해놓아야겠다는 계획인지 너도나도 수영복 차림으로 속살을 드러내고 누워 있는 풍경에 해변에 왔다고 착각할 정도다.

골더스 그린 역에서 나와 노스 엔드 로드North End Road로 걸어가다 오른쪽에 나 있는 웨스트 히스 애비뷰West Heath Avenue로 들어서 길을 따라 올라가다보면 아름다운 언덕을 품은 골더스 힐이 모습을 드러낸다. 주민들의 사랑을 듬뿍 받는 공원으로, 산책 나온 노부부, 뛰노는 아이들, 이야기를 나누는 친구나 연인들, 유모차를 끌고 나온 엄마들 모두 각자의 방식대로 좋은 날을 즐기고 있다.

골더스 힐 파크의 언덕을 올려다보니 짙은 녹색 페인트칠이 된 소박하고 작은 카페 리프레시먼트 하우스가 보인다. 카페를 향해 올라가는 길을 따라 벤치들이 울타리처럼 이어져 있다. 공원을 걷다보면 기념 문구가 새겨진 벤치가 다른 공원에 비해 유난히 눈에 많이 띈다. 산책로를 따라 쭉 이어진 벤치에는 저마다의 사연과 이름이 적혀 있다. 많은 사람들이 이곳을 사랑했고 여전히 이 공원에서 함께했던 기억들을 그리워한다는 증거일까.

지금도 벤치 하나씩을 차지하고 자기만의 시간을 보내는 사람들이 가득하다. 같은 공간 안에 있는 그들은 각자의 삶을 살아내며 어떤 생각들을 하고 있을까. 근심 어린 눈빛, 좋은 일이 있는지 연신 웃고 있는 표정, 바쁘게 전화를 모습 등 아주 다양하다. 지금도 이 공원에서는 사람들의 이야기들이 펼쳐지고 있다. 작은 호수를 바라보는 벤치, 드넓은 공원을 향해 있는 벤치, 커다란 나무 밑 시원한 나무 그늘 아래 자리잡은 벤치, 아이들이 신나게 뛰어노는 놀이터를 바라보는 벤치, 공원을 찾은 사람들만큼이나 다양한 모습이다.

쓰러진 고목을 이용하는 등의 자연 친화적인 놀이터 덕분에 아이를 동반한 엄마들의 사랑을 유난히 많이 받는 공원이다. 언덕 위 파빌리온에서는 가끔 밴드의 공연이 있고 공원 곳곳에 동상 작품 들이 있어 소소한 재미를 준다. 카페 안으로 들어서니 투박한 모양의 케이크들이 진열되어 있고 우리나라 휴게소처럼 많은 종류의 주전부리를 팔고 있다. 카페를 둘러싼 통창을 통해 공원의 풍경을 바라볼 수 있는데 복잡한 카페 내부보다는 야외 자리에 앉거나 테이크아웃을 해 공원에서 한적하게 티타임을 하는 게 좋은 듯하다. ☕

Golders Hill Park, N End way, London, NW3 7HD
월-토 09:00~18:00
020 7332 3511

공원을 사랑했던 사람들과 그 사람들을 그리워하는 사람들의 마음. 공원은 추억이다.

Cafe in the Gardens

카페 인 더 가든

1

2

3

1 가든의 울창한 나무 사이에 자리 잡은 가든 카페.
2·3 신선한 공기를 느낄 수 있는 야외 자리.

러셀 스퀘어 가든은 주변의 붉은 벽돌의 건물들과 어우러져 가을의 정취를 가득 느끼게 해주는 낭만적인 곳으로, 따로 근처에 볼일이 없더라도 일부러 찾아갈 만하다. 잘 조성되어 있고 관리도 잘되어 있으면서도 공간의 분위기가 인위적이지 않고 아늑한 덕분에, 오랜만에 만나도 편안한 지인과의 만남처럼 편안하다.

도심 한복판의 작은 공원이지만 들어서는 순간 공기가 확실히 달라짐을 느낄 수 있다. 산소가 많아 아주 상쾌하다고 느낄 때쯤 공원 한가운데에서 물을 뿜어내고 있는 분수까지 보이니 시각적인 효과가 더해져 정신이 맑아진다.

공원 한쪽에 나무로 지어진 카페가 있다. 티 한 잔을 받아와 바깥 자리에 자리를 잡는다. 노트북이나 서류를 들고 일하러 나온 사람들도 많이 보인다. 자리에 앉아 티 한 모금, 산소 한 모금. 그렇게 티 반 공기 반의 시간을 보내며 사색을 즐기다보니 가을바람에 낙엽이 하나둘 앞으로 떨어져 감성까지 폭발시킨다. 이어폰을 통해 바르샤바의 추억이 스치는 쇼팽의 곡들까지 들으니 완벽한 가을날 산책이 된다. ☕

Russell Square, London, WC1B 5EH
020 7637 5093
매일 07:00~18:00

The Regent's Bar&Kitchen

리젠트 바&키친

1 겨울에도 푸름을 유지하는 영국의 잔디. 2 봄에는 장미향으로 가득한 퀸메리 가든.
3 화덕 피자가 구워져 나오는 오픈키친 앞 편안한 분위기의 실내.
4 공원 카페 분위기를 내는 실내 벤치 자리.

사계절 다양한 모습으로 변화하며 지나는 사람들을 맞이하는 공원들. 겨울의 공원도 그렇게 나쁘진 않다는 걸 알게 해준 것은 한겨울 어느 날의 리젠트 파크 산책이었다. 영국의 잔디는 어떤 비결로 키워졌는지 한겨울에도 푸릇푸릇함을 잃지 않아서 앙상한 나뭇가지들이 곳곳에 보여도 그 풍경이 스산하지만은 않다. 봄, 여름, 가을 내내 많은 인파로 붐비던 공원은 이제 인적이 드물어 몇몇 종류의 새들만이 보인다. 다음해 또 꽃을 활짝 피울 준비를 하고 있는 나무들의 월동 모습을 보며 잠재된 생명력을 바라보는 것도 겨울의 공원에서 느낄 수 있는 독특한 매력이다.

물론 리젠트 파크 역시 다른 공원과 마찬가지로 봄, 여름, 가을의 모습이 아름답다. 이 기간에는 공원 가운데 동그란 모양의 이너서클 안에 색색의 장미가 한가득 피어 장관을 이룬다. 장미 정원이라고도 불리는 이곳 '퀸 메리 가든' 덕분인지 리젠트 파크는 확실히 여성스러운 느낌의 공원이다. 장미 정원을 지날 때면 은은한 장미 향기와 예쁜 장미 얼굴에 취해 행복한 산책길이 된다.

겨울날의 한가한 공원을 흐뭇하게 산책하며, 따뜻한 티를 마시기 위해 표지판을 따라 방향을 바꿔본다. 지나는 사람들의 코가 빨개진 걸 보며 '겨울이긴 하구나' 느꼈다가 거울 속 내 얼굴을 볼만 빨개져 있는걸 보고 '난 코가 저들보다 많이 낮구나' 하고 다시 한번 깨닫는다.

공원 내에 있는 카페, 더 리젠트 바&키친에 들어가본다. 공원 내
카페답게 야외 자리가 충분히 준비되어 있고 실내로 들어가면 부
담없이 편안한 분위기가 맞이해주는 곳이다. 오픈 키친의 화덕에
서는 피자가 구워지고 있고 바로 집어들어 먹을 수 있는 샌드위치
와 빵 종류는 왼쪽 쇼케이스와 진열대에 놓여 있다.

공원의 녹지 공간이 보이는 창가 자리는 노트북을 켜고 티나 커피
를 마시며 열심히 시간을 보내는 사람들, 운동을 위해 공원에 나왔
다가 휴식 시간을 보내는 운동복 차림의 사람들 등 다양한 사람들
이 채우고 있다. 공원 주변에 대학교가 있어 삼삼오오 모여 있는 학
생들의 모습도 활기차다. 뾰족뾰족 특색 있는 천장 사이 작은 창문
을 통해 하늘의 모습이 살짝 보인다. ☕

The Regent's Bar & Kitchen, Regent's Park, Inner Circle, London, NW1 4NU
020 7935 5729
매일 08:00-20:00

꽃이 피고 지고, 낙엽이 떨어지고 앙상한 가지만 남는 공원의 변화를 보며 계절을 실감한다.

The Brew House

브루 하우스

1 언덕 위의 영화같은 풍경으로 자리잡은 대저택 켄우드 하우스.
2 켄우드 하우스 내부, 높은 천장에 닿을 만큼 책으로 가득한 서재.

햄스테드 히스의 가장자리에 위치한 켄우드 하우스는 17세기 초에 지어졌는데, 이것을 스코틀랜드 출신 건축가 로버트 애덤Robert Adam이 맨스필드의 백작 윌리엄 머레이William Murray를 위해 신고전주의 빌라로 탈바꿈시켰다. 후에 이비 백작Lord Iveagh이 구입해 사용하다 1927년에 나라에 유증되면서 1928년부터 대중에 공개되어 무료로 구경할 수 있게 되었다.

렘브란트, 요하네스 페르메이르, 조슈아 레이놀즈 등 유명 화가들의 작품도 감상할 수 있는 보물 같은 명소로, 하우스 내부의 화려한 인테리어를 구경하는 재미도 크다. 〈노팅힐〉에서 줄리아 로버츠가 영화 속의 영화 촬영을 하던 곳으로 유명하다. 말 그대로 '영화 같은 풍경'을 보러 가자!

한때는 부호들의 사유지였다는 얘기들 듣고, 이곳이 내 집이었다면 집에 들어올 때 어떤 기분이었을까 상상하며 들어서본다. 하우스 안에 들어가 연결된 방들을 구경하면서 이렇게 큰 집은 어떻게 관리하며 살았을까, 하는 쓸데없는 귀족 걱정까지. 높은 천장에 닿을 만큼 책으로 가득한 서재를 보면서 집주인들은 하루종일 심심하지 않았겠다는 생각도 해본다.

켄우드 하우스의 메인 입구를 나와 왼쪽으로 코너를 돌면 무성한 아이비로 만든 아치가 보인다. 그 안을 통해 나가면 내리막 아래 드

넓은 가든의 풍경이 눈에 들어온다.

하우스의 뒤쪽으로 큰 나무들이 둘러싸고 있는 아늑한 가든, 브루
하우스가 보인다. 힐링 티타임을 위한 최적의 장소이다. 정원 안 파
라솔 자리에 앉으면 주변에 예쁜 꽃들까지 피어 있어 눈이 즐겁다.
작고 귀여운 강아지부터 늠름하고 커다란 몸집의 개, 날렵한 사냥
개까지 주인과 함께 테라스에서 휴식중인 견공들을 만날 수 있다.
겨울에는 수선화, 봄에는 장미꽃, 여름에는 수국으로 얼굴을 달리
하는 가든 카페의 매력을 오감으로 느낄 수 있다. 넓은 가든과 대저
택과 더불어 눈에 보이는 풍경들에서 여유가 느껴지는 장소다. ☕

Kenwood House, Hampstead Ln, London, NW3 7JR
1·12월 09:00~16:00 2·3·10·11월 09:00~17:00 4-9월 09:00~18:00
020 8341 5384

························ **Don't miss** ························

카페 내부에는 핫 푸드 카운터가 따로 있고 중앙 테이블에는 티푸드가
진열되어 있다. 부드러운 으깬 감자와 탱탱하고 촉촉한 소시지에 그레
이비 소스를 뿌려 먹는 영국 가정식 소시지 매시를 추천한다.

가든 카페의 매력을 오감으로 느낄 수 있는 곳.

따뜻한 햇살 아래 좋은 사람과 와인까지 함께하니
내 안에 잠자고 있던 빨강머리 앤이 깨어나는 듯하다.

날씨 좋은 날엔 피크닉

영국의 긴 겨울은 완전히 끝이 난 듯 조금씩 포근한 봄날의 기운이 느껴지고 있었다. 집안으로 들어오는 햇살을 받은 테이블 위의 꽃이 반짝여 몽롱한 기분을 좋게 만들었다. 그 옆에 앉아 나도 햇볕을 받으며, 즐겨찾기를 해놓은 해외 블로거들의 일기를 구경하고, 꽃 자료 수집도 하고, 모닝티를 마시며 조용한 아침을 맞이했다. 특별한 일정은 없었던 날이었지만, 햇살이 나를 부지런히 움직이게 만들어 뿌듯한 하루가 되었다.

런던에 살면서 습관처럼 하는 일이 BBC 홈페이지에서 날씨를 체크하는 것이다. 시간별로 온도와 바람, 강수량 등을 표시해놓은 일기예보는 꽤 정확하다. 산이 없어서 구름의 이동이 빠른 탓에

변덕스럽기로 유명한 영국 날씨를 어떻게 이토록 잘 예측할까 싶을 정도로 말이다. 다음날 날씨에 해가 그려져 있으면 '산책을 나가볼까?', '피크닉을 해야 하나?' 하고 괜스레 들뜬 마음에 바빠진다.

런던에서 우연한 기회에 만나 인연을 맺게 된 소연 언니와 함께 맞이하는 첫 봄. 우리의 첫 피크닉 장소는 빅토리아 타워 가든으로 정해졌다. 빅벤과 국회의사당이 눈앞에 펼쳐지는 곳에 자리를 잡아 초록색 체크무늬 돗자리를 푸른 잔디에 펼쳐놓고 준비해간 맛있는 음식들을 차려놓았다.

친구와 함께 피크닉을 즐기는 모습은 내 머릿속에서 항상 상상해오던 로망의 한 컷이었다. 어릴 때 보았던 〈빨강머리 앤〉의 한 장면이 서른 넘은 아줌마가 될 때까지 깊이 새겨져 있던 걸까. 주인공 앤과 그녀의 베스트 프렌드 다이애나가 숲속에서 우정의 맹세를 하고 예쁜 찻잔에 티를 따라 서로 바라보며 피크닉을 즐기는 모습을 본 후로 친구와의 피크닉에 대한 로망이 나도 모르게 내 안 어딘가에 자리잡았는지도 모르겠다.

계속 보아도 질리지 않는 아름다운 풍경을 앞에 두고 따뜻한 햇살 아래 좋은 사람과 와인까지 함께하는 피크닉을 하고 있으니 내 안에 잠자고 있던 빨강머리 앤이 깨어나는 듯했다. 앤과 다이애나가 자작나무 숲속에서 그랬던 것처럼 그날, 우리는 빅벤 앞에서 앤과 다이애나처럼 우정의 맹세를 한 것일까. 소연 언니는 나의 베스트 프렌드가 되어 런던의 추억들을 같이 만들어주는 소중한 존재가 되었다.

Victoria Tower Gardens

빅토리아 타워 가든

1 빅토리아 타워가든 옆 템스의 풍경.
2·3 간단한 스낵을 판매하는 키오스크(간이 매점).
4 템스와 국회의사당이 둘러싸고 있는 보물 같은 피크닉 장소.

웨스트민스터 역 4번 출구 계단을 올라갈 때 조금씩 눈앞에 모습을 드러내는 빅벤과 국회의사당의 풍경에 감탄사가 나온다. 도로를 건너 국회의사당을 따라 내려가보자. 건물 디테일들이 눈에 들어오면서 감탄사가 나도 모르게 더 커진다. 국회의사당 뒤편이 나올 때까지 걸어가다보면 빅토리아 가든의 입구가 보인다.

빅토리아 가든은 그 자체로는 푸른 잔디가 전부인 평범한 가든이지만, 한쪽 옆으로는 템스 강이 흐르고 아주 가까이에 빅벤과 국회의사당이 그림같이 펼쳐져 있어서 특별한 공간으로 사랑받고 있다.

이전엔 미리 먹을 것을 준비해와야 했는데 인기를 실감한 듯, 드링크와 샌드위치와 파니니 등의 간단한 스낵을 파는 키오스크가 새로 오픈해서 여기에서 간단한 점심을 해결해도 좋다. 목재로 만들어진 작은 오두막 같은 카페는 주변의 녹지와 자연스럽고 편안하게 어우러진다. 작은 카페지만 전문적인 커피 기계까지 갖추고 있다. 뒤로는 놀이터도 있어 아이를 동반한 가족에게도 가산점을 받을 만한 곳이다. ☕

Millbank, London, SW1P 3JA
030 0061 2350

귀족이 된 기분을 내려면

Green Park

그린 파크

그린 파크라는 이름이 잘 어울리는 커다란 녹지 공간과 유로로 이용 가능한 데크 체어.

그린 파크 주변에는 유난히 호텔과 레스토랑, 카페가 많이 있다. 반대로 파크 안에는 간이매점만 몇 군데 갖추고 있을 뿐 제대로 된 카페는 없다. 주변에 많은 곳들이 있기 때문인지도 모르겠다. 공원과 가까운 호텔들에서는 그런 특징을 잘 파악한 듯, 여름이면 피크닉 애프터눈 티라는 프로모션을 많이 선보인다. 그린 파크 근처 호텔 더 폭스 클럽The Fox Club에서 여름 맞이 피크닉 애프터눈 티 예약을 받는다는 광고 메일을 받고 반가운 마음에 예약을 했다. 피크닉 바스켓에 각종 티푸드, 마실 거리와 러그까지 준비해주는 서비스였는데, 나도 한번 여름날 호사를 누려보자는 심산이었다.

레드와인 한 병과 시원한 물 한 병, 도시락 상자를 가득 채운 샌드위치와 머핀, 브라우니를 포함한 디저트, 비트루트와 파프리카가 상큼한 여름 샐러드 등이 가득 담긴 견고한 피크닉 바스켓을 받고 호텔을 나와 그린 파크로 향했다. 너무 무겁게 피크닉을 간다는 남편의 투정을 들으며 호텔과 가까운 한적한 공간을 찾아 러그를 펼치고 바스켓을 내려놓았다. 챙겨준 티푸드들을 접시에 옮기고 와인을 컵에 따라 시원한 바람을 맞으며 피크닉을 즐겼다.

그린 파크라는 이름과 어울리게 탁 트인 녹지 공간에 마음이 편안해진다. 집에서 싸온 듯 평범한 모양새의 티푸드지만 어쨌든 기분만은 귀족이 된 것 같았다. 무거운 바스켓을 낑낑 들어준 남편의 기

분은 달랐을지도 모르지만. ☕

Green Park, London, SW1A 1BW
030 0061 2350

피크닉 러그와 바스켓으로 즐기는 영국적인 피크닉.

Ascot Racecourse

애스콧 레이스코스

1·4 화려한 모자로 멋을 낸 사람들. 2 엄청난 스피드를 뽐내는 경주마들.
3 로열 애스콧의 시작을 알리는 여왕님의 마차 행렬.

"1년 중 언제가 런던 여행하기 제일 좋아요?"라는 질문을 받으면 시기별로 장단점이 한꺼번에 생각이 나서 항상 대답을 망설였다. 하지만 이제는 확실히 콕 집어 말할 수 있는 달이 있다. 바로 6월! 날씨가 춥지도 덥지도 않고 서늘하고 낮이 길다는 장점에 하나 더 보태기로. 6월엔 로열 애스콧Royal Ascot이 열린다!

왕실이 주최하는 로열 애스콧은 1711년 앤 여왕 때 시작된 귀족들의 경마 행사다. 그뒤로도 이 행사는 화려한 모습으로 그 전통이 이어져, 지금도 왕족들은 로열패밀리 전용 박스에서 경주를 관람하고 대중들도 축제처럼 즐기고 있다. 화려한 모자로 한껏 멋을 내고 여름을 만끽하며 먹고 마시고 놀면서 즐기는 로열 애스콧은 윔블던과 더불어 가장 사랑받는 영국의 여름 축제 중 하나이다. 영화 〈킹스 스피치〉의 초반부에서 말을 더듬는 조지 6세가 연설을 하던 곳도, 〈마이 페어 레이디〉에서 일라이자가 변화한 모습을 시험하려고 나간 자리도 이 경마장이었다.

아직도 계급이 남아 있는 영국의 모습을 실제로 엿볼 수 있을 뿐 아니라, 귀족 문화로부터 시작된 행사답게 옛 귀족들이 입었을 법한 화려한 패션을 눈앞에서 볼 수 있다. 모두들 근사하게 차려입은 자리에는 여럿이 온 친구들, 혼자 온 여인, 커플, 가족 등등 다양한 신사숙녀들로 가득하다. 6월의 런던 여행이라면 로열 애스콧에서의 멋진 하루를 강력 추천한다.

행사가 열리는 경기장이 위치한 애스콧 역은 런던 워털루 역에서 기차로 한 시간정도 떨어져 있다. 애스콧 역에 내려서 조금 걸으면 경마장이 나오는데, 경마장 쪽 잔디밭에 자리를 잡고 피크닉을 즐기면 된다. ☕

Ascot, Berkshire, SL5 7JX
084 4346 3000

Don't miss

로열 애스콧의 티켓은 로열 인클로저The Royal Enclosure, 그랜드스탠드 어드미션The Grandstand Admission, 실버링The Silver Ring으로 나뉜다. 로열 인클로저는 4년 이상 참석한 배지홀더Badge Holder에게 추천을 받아야 자격이 주어진다. 실버링은 다른 두 구역과 구분되어 있지만, 경마와 피크닉을 즐기기에는 부담이 없다. 실버링을 제외한 두 구역은 엄격한 드레스코드가 정해져 있다. 티켓 구매는 www.ascot.co.uk/Royal-Ascot에서 할 수 있다.

화려한 모자와 드레스를 입은 여인들의 피크닉, 명화 〈풀밭 위의 점심식사〉가 생각
나는 풍경.

66

어린아이들뿐 아니라 어른들에게도
공원은 자연을 즐길 수 있는 놀이터다.

99

크기만큼이나 즐거운 공원

런던 하늘을 보다보면 크고 작은 비행기들이 빈번하게 날아다니는 것을 볼 수 있다. 런던 히드로 공항에 하루 1400개의 비행기가 45초마다 한 대씩 이착륙을 한다고 하니 비행기를 자주 보는 것도 당연한 일이겠다. 신기한 건 길을 가다 우연히 한 번 하늘을 바라보았을 때 하늘색 컬러에 동그란 태극 문양이 그려진 우리나라의 비행기가 눈에 띄는 날이 꽤 많다는 것이다. 일부러 기다렸다가 보는 것도 아닌데 우연히 바라본 하늘에서 그 비행기가 보일 때면 친구를 만난 것처럼 반가워서 나도 모르게 손을 흔들려고 하다 멈칫하기도 한다. 저 비행기 안에 있는 사람들은 지금 무얼 하고 있을까, 비행기 아래 런던 땅을 바라보고 있을까, 하는 실없는 상상까지 동원되어 한참을 목이 아프게 쳐다보다가 시야에서 벗어나고 나서야 가던 길을 가곤 한다.

상황이 바뀌어서 다른 나라에 갔다가 런던으로 돌아오는 하늘길 위. 구름 한 점 없이 맑았던 날이라 런던 땅이 선명하게 잘 보였다. 기장님도 기분이 좋았는지 착륙 안내 방송을 하면서 런던 템스 강 위의 다리와 걸어다니는 아이까지 잘 보이는 날이라는 농담 섞인 설명까지 덧붙여주었다. 하늘에서 바라본 런던 땅은, 서로 연결되어 있는 테라스드 하우스와 장난감 집들을 붙여놓은 듯 집 뒤로 연결된 뒷마당들의 모습이 특징이다.

다음으로 눈에 뜨이는 곳이 도심 사이사이의 녹지로 된 공간들이다. 그중엔 하늘 위에서도 놀라울 정도로 넓어 보이는 공원들도 있다. 런던 시내 중심에 크게 자리를 차지하고 있는 하이드 파크와 리치몬드 파크는 멀리서도 선명한 그린 컬러를 뽐낸다. 비행기에서 넓은 공원을 바라보고 있노라면 착륙의 의지가 더 강해진다. 좁고 답답했던 이코노미 클래스에서라면 더!

요시다 슈이치는 소설 『파크 라이프』를 통해 공원은 "저마다 홀로인 사람들이 뿔뿔이 흩어진 채 모여 있는 공간"이라고 했다. 도심 속에서 바쁘게 살아가는 런더너, 그리고 런던을 찾은 관광객들 모두 한 번쯤은 저마다의 이유로 공원으로 모여들게 된다. 크기가 큰 공원에는 조금 더 특별한 이유가 더해진다. 하이드 파크에서는 세계 최대의 클래식 축제 중 하나인 야외콘서트가 개최되고, 폴 메카트니나 테이크 댓Take That 같은 유명 뮤지션의 콘서트장이 되어 수만 명을 수용하는 훌륭한 장소가 되기도 한다. 겨울이 되면 또다른 모습으로 변한다. 대형 놀이기구가 세워지고 크리스마스 장식품을 파는 가판대가 늘어서고 따뜻하게 데운 와인 등을 파는 겨울 마켓이 들어서 '윈터 원더랜드Winter Wonderland'라는 이름의 겨울왕국으로 마법처럼 변한다. 이처럼 런던의 큰 공원들은 조용한 휴식은 물론 흥을 이끌어내는 무대가 되기도 한다. 런던의 공원을 즐기는 방법에 '자전거 타기' 계획을 추가시킬 수 있는 장소도 하이드파크와 리치몬드 파크이다. 은행에서 후원하는 자전거 대여소가 두 공원의 근처에 있어서 신용카드로 결제하여 자전거를 빌려 탈 수 있다. 바람의 속도를 더 빠르게 느끼며 런던을 즐기기에 좋은 방법이다. 런던 라이프는 곧 파크 라이프라고들 한다. 이런 표현을 할 수 있는 것도 모두 수백년 전부터 그 크기만큼 많은 사람들을 포용해주고 있는 공원들 덕분이 아닐까. 🍵

Serpentine Bar&Kitchen

서펜타인 바&키친

1

2

3

1 하이드 파크 남쪽에 위치한 빅토리아 여왕이 남편 앨버트 공을 위해 세운 기념비.
2 서펜타인 호수를 끼고 있는 카페.
3 런던 한복판이라는 사실을 잊어버릴 만큼 한가로운 풍경과 함께 즐기는 티타임.

넓기로 유명한 하이드 파크는 규모 면에서도 놀랄 만하지만, 도시 중심에 위치해 있다는 점에서 더 놀랍다. 크지 않은 나라에서 녹지대를 다른 주거지나 상업지구로 개발하지 않고 유지한다는 점은, 빈 땅이면 어김없이 고층 아파트가 올라오는 나라에서 온 사람에게는 적잖은 문화 충격이었다.

도심 한복판에 크게 위치한 만큼 어디서나 접근성이 좋다는 것도 하이드 파크의 큰 장점이다. 마블 아치, 노팅힐 게이트, 퀸스웨이, 하이스트리트 켄싱턴, 하이드 파크 코너 등의 지하철역이 공원 가까이에 있다. 공원에서 남쪽으로 이어지는 길은 해롯 백화점을 비롯한 명품 부티크들이 이어진 쇼핑거리인 브롬프턴 거리Brompton Road와 접근성이 좋다. 하이드 파크 근처의 여러 구역을 방문할 계획이라면 공원을 가로질러 이동하는 경로를 택해도 좋다.

남쪽 가운데에는 빅토리아 여왕의 남편인 앨버트 공을 기념하기 위해 세운 고딕 스타일의 앨버트 기념비가 있고 로열 앨버트 홀도 가까이에 있다. 퀸스웨이 역과 가까운 공원 북서쪽에는 다이애나 메모리얼 플레이그라운드가 있는데, 아이들과 아이들을 동반한 사람만 입장할 수 있는 접근 제한된 특별한 놀이터다. 『피터팬』의 작가 제임스 매튜 배리가 설립한 곳으로 모래사장 위에 세워진 나무로 만든 배가 아이들의 상상력을 자극한다.

헨리 8세 때부터 500년 된 역사를 가진 공원이 지금까지도 시민들과 관광객들의 휴식처가 되어주고 있다. 사람들은 드넓은 공원의 길을 따라 걷거나 조깅을 하기도 한다. 잔디밭 위에서는 삼삼오오 모여 앉아 있거나 공을 차며 운동하는 학생들도 있다. 호수에서는 로잉을 하는 모습도 볼 수 있다. 넓은 면적 가득 에너지가 넘치는 곳으로, 공원 곳곳에 물이 흐르는 쉼터가 있어 아이들이 시원하게 물놀이를 즐기고 엄마들은 그야말로 '힐링'하기에 좋다.

공원의 서펜타인 호수 가장자리 동쪽 끝에 위치한 서펜타인 바&키친에서 호수와 공원을 바라보며 휴식을 취하면 하이드파크 즐기기의 정점을 찍을 수 있다. 아침을 일찍 먹고 산책을 나와 이곳에서 모닝커피를 마시며 런더너 흉내를 내보자. 베누고Benugo에서 제공받는 다양한 종류의 디저트와 베이커리가 카페 입구에 진열되어 있어 공원으로 나가 피크닉을 즐기기에도 편리하다. 호수 바로 옆 야외 자리에 앉아 있으면 마치 유람선을 탄 것 같은 느낌이 들어 런던 한가운데라는 사실을 잊을 만큼 여유롭다. ☕

Serpentine Bar&Kitchen, Serpentine Road, Hyde Park, London, W2 2UH
020 7706 8114
매일 08:00~19:30
www.serpentinebarandkitchen.com

'런더너처럼 여행하기'에 빠질 수 없는, 공원에서 조깅하기

런던 최대의 왕립 공원에서 티타임

Pembroke Lodge

펨브로크 로지

1

2

3

1 런던 시내가 내려다보이는 전망 좋은 야외 자리.
2 공원 풍경이 보이는 창가 자리.
3 펨브로크 로지의 인기 메뉴 스콘.

우리나라의 1인당 녹지 면적이 4.4평방미터인 것에 반해 런던은 그 여섯 배에 가까운 면적 27평방미터로, 세계 최고 수준이라고 한다. 리치몬드 파크에 처음 들어서면서 비로소 이 사실을 실감했다. 런던에서 제일 넓은 왕립 공원인 이곳은 전체 크기가 10제곱킬로미터나 된다. 공원 안을 가로지르는 차도가 여러 길로 나 있고 공원으로 들어가는 입구도 아홉 개나 된다고 하면 그 크기가 실감이 날까!

리치몬드는 역사적으로도 사슴 사냥터로 유명했고, 지금도 공원 안에서 사슴 떼를 볼 수 있다. 가을에는 암컷에게 잘 보이기 위해 뿔 싸움을 하고 있는 수컷들도 구경할 수 있다고 한다. 〈동물의 왕국〉에서나 보던 광경을 런던 도심에서 멀지 않은 곳에서 볼 수 있다니. 고목들이 풀숲 위에 옆으로 누워 있고 사슴이 무리를 지어 쉬는 모습은 흡사 동물원 사파리 안으로 들어온 것 같은 느낌을 준다.

세기가 달라지도록 변함없이 런던의 한쪽을 든든하게 지켜온 곳. 맑은 날도 좋지만 비가 온 다음날 질척해진 때라도 청바지에 웰링턴 부츠를 신고 수풀을 헤쳐가며 자연을 느끼는 산책도 좋을 듯하다. 크기가 넓어 한번 길을 잘못 들기라고 하면 헤매기 쉽다. 잘 관리된 예쁜 공원이라기보다는 자연 환경을 그대로 살려놓은 야생의 공원이다. 자전거를 타는 가족들, 말을 타고 즐기는 이들, 골프를 치는 노부부 등 많은 주민들의 모습이 보인다.

공원 북서쪽 리치몬드 게이트를 통해 들어와 퀸스 로드Queens Road를 따라 올라가면 푸른 잔디 위의 하얀 예쁜 건물이 보인다. 이곳 펨브로크 로지는 공원 안쪽 높은 자리에서 런던 시내를 내려다보는 전망을 자랑하는 쉼터이다. 광활한 리치몬드 파크를 정복해보고 싶은 마음이라면 이곳을 찾아가는 것만으로도 그 목표의 반은 실현될 것이다. 영국의 수상이었던 존 러셀의 저택이었던 건물을 개조하여 지금은 아늑하고 우아한 인테리어의 카페로 쓰인다. 워낙 아름다운 곳이라 결혼식 장소로도 인기가 좋다.

입구의 오픈 키친의 아일랜드 식탁에는 스콘과 브라우니, 케이크 등 티푸드가 진열되어 있고 조리된 뜨거운 음식 또한 한쪽에 준비되어 있다. 셀프 서비스 티룸으로, 자유롭게 골라 계산해 앉고 싶은 테이블에 앉으면 된다. 다녀간 사람들이 하나같이 맛있다고 말하는 것이 바로 스콘. 포슬포슬한 스콘에 나이프로 클로티드크림을 듬뿍 떠서 발라 먹어보니 확실히 다르다! 은은한 우유향의 크림이 더욱 부드럽게 느껴지는 건 고소한 스콘의 맛이 받쳐줘서일까. ☕

Pembroke Lodge, Richmond Park, Richmond, Surrey, TW10 5HX
020 8940 8207
매일 09:00~17:30
www.pembroke-lodge.co.uk

웨딩 장소로도 사랑받는 아름다운 곳.

"

이른 아침, 한가한 공원 카페에서 아름다운 전망을 독차지하며
로열패밀리가 된 기분으로 마시는 모닝티.

"

왕실의 정취를 느낄 수 있는 곳

영국이라는 나라를 떠올리자면, 긴 수식어를 꺼내지 않더라도 '여왕의 나라'라는 이미지 하나로도 충분한 것 같다. 여왕으로 산다는 건 어떨까? 내가 볼 수 없는 궁 안에서의 모습이나 가족과의 모습, 잠옷을 입은 모습 등등 영국 여왕의 일상이 궁금하던 차에 동네 주차장에서 매주 금요일마다 열리는 마켓 DVD 가판대에서 영화 〈더 퀸〉이 눈에 들어와 집으로 모셔왔다.

영화는 엘리자베스 2세 여왕, 토니 블레어 총리, 다이애나 왕세자비를 중심인물로 등장시켜 다이애나 비의 죽음을 직면한 왕실의 이야기를 그리고 있었다. 다이애나 비의 죽음에 대처하는 냉정한 여왕의 태도와 그것에 대한 국민들의 반감을 인식한 토니 블레어가 이를 부드럽게 해결하려 하는 과정이 주요 내용이다. 궁전 내부라든지 로열패밀리의 실생활을 보는 재미도 있다. 제일 인상적인 건 여왕을 접견할 때의 예절을 알려주는 장면이었는데, 여왕을 처음 부를 때는 반드시 "Your majesty(여왕 폐하)"라는 호칭으로 시작해야 하고 인사를 할 때는 남성은 고개를 숙이고 여성은 손을 잡고 무릎을 살짝 구부렸다 펴야 한다는 왕실 법도를 영화를 통해 배웠다. 혹시나 런던 시내에서 여왕에게 인사를 해야 할 때가 오면 배운 대로 해봐야겠다는 상상의 나래까지 펼치면서 지루하고 무거운 내용의 영화를 내 멋대로 즐기고 있었다.

영국에 살다보니 로열패밀리들의 큼직큼직한 행사들을 매년 접하고 있다. 2011년엔 윌리엄 왕자가 결혼을 했고, 2012년에는 여왕이 즉위 60주년을 맞이했고, 2013년과 2015년에 각각 조지 왕자와 샬럿 공주가 태어났고, 이어서 2015년 6월 여왕이 최장기 집권 기록을 세웠다. 로열베이비들이 유아 세례를 받고 첫 가족사진을 찍는 과정까지 보며 남의 나라, 남의 가족행사를 가까이 보고 즐기고 있으니 다음 행사는 무엇일지 기대가 되었는데, 2016년 엘리자베스 여왕이 무려 90번째 생일을 맞이하며 또 한번 영국 전역이 잔치 분위기로 달아올랐다. 여왕의 생일 파티에 빠질 수 없는 진풍경은 버킹엄 궁전 앞 직선으로 뻗어 있는 도로 더 몰The Mall에서 펼쳐진다. 로열패밀리가 탄 마차가 더 몰을 따라 이동하고 호스가 드에서 출발한 근위병들의 퍼레이드가 축제 분위기를 달아오르게 한다. 이어서 여왕이 탄 마차가 영국 전역은 물론 세계 각지에서 온 수많은 환영 인파의 축하를 받으며 버킹엄 궁으로 들어간다. 퍼레이드와 마차 행진이 지나면 길가에 있던 축하객들이 더 몰을 가득 채우고, 궁전 발코니에 여왕을 중심으로 로열패밀리가 모습을 드러내는 순간 박수와 환호가 터져나온다. 붉은색의 길, 더 몰은 로열패밀리의 주요 행사시에 있을 세리머니를 위해 만든 곳으로 그 붉은색 덕분에 축제에 깔린 레드 카펫 같은 분위기를 풍긴다. 세인트 제임스 파크와 인접해 있는 더 몰은 왕실 축제의 여운이 항상 남아 있는 산책길이다.

윌리엄과 케이트 그리고 조지 왕자와 샬럿 공주가 3년간의 외곽 지역에서의 조용한 생활을 접고 다이애나가 생전에 살던 켄싱턴 팰리스의 아파트를 새 단장해서 다시 런던에서의 생활을 시작한다는 소식이 들려왔다. 가끔 신문에 집 주변을 산책하는 로열패밀리들의 사진들이 실리는 것도 보이니 근처 공원에서의 우연한 만남을 기대해봐도 될까.

St. James's Park Café

세인트 제임스 파크 카페

1

2

3

1 버킹엄 궁전으로부터 이어지는 호수 옆 산책길.
2 여왕의 소유라는 백조.
3 공원 안의 자연 친화적 카페.

세인트 제임스 파크는 버킹엄 궁전과 연결된 공원으로 길게 나 있는 연못을 따라 산책길로 삼기 좋다. 연못 가운데, 길을 잇는 작은 다리에 서서 바라본 호수 건너로 보이는 버킹엄 궁전의 모습이 정말 동화 속 궁전 같아 보인다. 여왕의 소유라 함부로 해치면 안 된다는 우아한 백조들과 각종 새들이 공원을 차지하고 있다.

공원 안 호수 옆으로는 건물 전체가 나무로 되어 있는 카페, 세인트 제임스 파크 카페가 있다. 푸른 잔디 위에서 주변의 나무들과 어우러져 힐링 티타임을 즐기기에 더할 나위 없이 좋은 곳이다. 세인트 제임스 파크의 호수를 바라보는 테라스 자리에 앉으면 도심에서 멀리 떨어진 곳에 와 있는 느낌이 든다. 카페 손님이 아니더라도 잠시 쉬어갈 수 있게 공원 산책로 가까이 벤치를 설치해놓았다.

아침 메뉴부터 점심, 저녁 메뉴, 간단한 샌드위치와 스콘을 비롯한 페이스트리는 영국의 푸드 공급 업체인 베뉴고Benugo에서 제공한다. 오후가 되면 찾는 사람이 많아지니 붐비는 낮 시간을 피해 오전에 공원 산책을 한 뒤에 모닝 티타임이나 간단한 아침식사를 해도 좋고 로맨틱한 공원에서의 저녁 시간을 즐겨도 좋다. ☕

St James's Park, London, SW1A 2BJ
020 7925 2985
월-토 08:00~18:00 일 09:00~17:00

The Orangery

오랑제리

1 잘 가꾸어진 가로수 길 끝에 보이는 오랑제리의 전경.
2 이전의 온실이었다는 것을 실감하게 해주는 밝고 따뜻한 티룸.

"왕자님입니다!"

"공주님입니다!"

산부인과에서 아이 성별을 가르쳐줄 때 쓰는 비유가 아니라 진짜 왕자와 공주 신분의 아기들이 태어났다. 윌리엄과 케이트는 국민들의 사랑을 받는 모범적인 왕실 부부답게 국민들에게 '왕자님'에 이어 '공주님'까지 선물했다. 태어나자마자 왕위 서열 3위에 오른 로열베이비 조지와 서열 4위의 공주 샬럿의 일거수일투족은 사람들의 관심을 샀다. 왕실에서 파파라치에게 로열베이비들을 찍지 말라는 경고까지 할 만큼 그들이 커갈수록 관심도 높아지고 있다. 태어나기 전까지 성별을 비밀에 부치다가 태어난 후 버킹엄 궁전 앞에서 선언했고, 이름이 무엇이 될지 배팅을 할 만큼 관심도 컸다. 왕실에서는 자연 분만 후 하루도 안 되어 갓 태어난 아기를 안고 나오는 왕세자비의 모습을 생중계해서 건강한 왕실의 이미지를 만들어 나갔다. 명실공히 왕실은 영국 이미지 메이킹의 큰 수단이다.

윌리엄 부부의 공식 관저는 켄싱턴 팰리스다. 하이드 파크 동쪽 끝에 위치한 궁전으로, 다이애나가 살던 곳이기도 하니 애틋한 스토리까지 더해져 현실 동화는 계속되고 있다. 케이트 미들턴이 아이를 낳았던 병원에서 산모의 정보가 적힌 서류를 공개했는데 집주소가 켄싱턴 팰리스라고 적혀 있는 걸 보고 '아, 정말 다른 세계 사람이구나' 실감했다. 결혼식도 보고 아이 둘 낳는 소식도 보았으니 집들이나 한번 가볼까 해서 켄싱턴 팰리스 구경에 나섰다. 물론 초대를 받지도 않았고 입장료를 내고 들어가야 했지만 말이다.

궁전 안을 들어가보지 않고 켄싱턴 팰리스 가든에만 들어서도 충분히 귀족 라이프를 실감할 수 있다. 예쁜 가든과 함께 밝은 분위기의 오랑제리 카페가 함께 있다. 궁전 옆의 카페라는 사실에서 오는 신비감이 왠지 더 기대감을 높여준다. 영국 전통 애프터눈티 시간을 갖기에 궁전만큼 클래식한 장소가 또 있겠는가. 1704년 앤 여왕은 겨울 동안 감귤류를 키우기 위해 그린하우스를 지었는데, 그 안이 앉아서 쉬기에 너무나 아늑하고 아름답다고 생각해 거기서 연회를 열기로 했다. 지금도 커다란 창으로 들어오는 강한 햇볕은 이전에 이곳이 궁전의 온실이었다는 것을 증명하고 있다.

오랑제리 카페로 가는 길 양쪽의 가로수가 잘 깎아놓은 사각 모양으로 잡혀 있어 아주 귀엽다. 잘 가꾸어진 정원과 가로수 길을 걷다 보면 꼭 공주가 된 것 같은 느낌이 들고 붉은색 벽돌이 주변의 그린 컬러와 대조되어 분위기를 극대화한다. 날이 좋은 날엔 오랑제리와 연결된 테라스에서 식사나 티를 즐길 수 있다.

높은 천장, 양쪽의 우아한 아치 장식, 하얀 테이블보와 조각상, 눈길을 사로잡는 생화 장식, 정중하고 친절하게 맞이해주는 직원, 문에 들어서자마자 느껴지는 모든 것이 여유롭고 아름답다. 테이블 위의 화려한 패턴의 플레이트와 찻잔은 주변의 깔끔한 분위기와 어우러진다. 한입에 넣기 좋은 작은 사이즈의 티푸드는 먹을 때도 우아함을 잃지 않도록 해주는 배려가 아닐까 생각이 든다. 군더더기 없이 재료 본연의 깔끔한 맛이 돋보이는 티푸드는 양이 많지 않아도 적당히 기분좋게 허기를 채울 수 있게 해준다. 오후의 축 처진 기분을 끌어올려주었다는 베드포드 공작부인의 애프터눈 티는 이런 것이었을까. 🍵

Kensington Palace Gardens, London, W8 4PX
020 3166 6113
매일 10:00~16:00 애프터눈 티 12:00~16:00
www.orangerykensingtonpalace.co.uk

맛과 멋을
동시에 즐기자

66

온전히 나만의 시간으로 남겨진 하루,
혼자만의 조용한 대화를 나누고 싶다면.

99

뮤지엄 카페

남편이 새벽부터 출장을 떠났다. 출장길 배웅을 하고 빨래도 하고 바쁘게 움직였는데도 오전 9시가 안 된 시간. 아침 시간을 여유롭게 즐겨본다. 따뜻하게 데운 베이크드 빈스에 소시지와 계란, 버섯을 준비하고 테이블에 약간의 꽃도 놓아 한가한 아침의 사치를 부려본다.

온전히 나만의 시간으로 남겨진 하루, 혼자만의 런던 즐기기를 해봐야겠다는 생각이 들었다. 박물관이 문을 여는 시간부터 닫을 때까지 시간을 가득 채워 즐겨보자는 마음으로 특별히 '뮤지엄 데이'를 계획했다. 이왕이면 한국어 오디오 가이드가 준비되어 있는 곳에 들르는 것이 좋을 것 같아서 목적지는 영국박물관British

Museum으로 정했다. 친구도 이왕이면 말이 잘 통하는 한국인 친구가 좋듯이 한국어 오디오 가이드가 없는 곳은 왠지 모르게 거리감이 느껴진다. 무엇보다 영국박물관은 하루종일 있어도 모자랄 만큼 큰 규모의 장소라는 것이 더할 나위 없었다. 편한 신발을 신고 가벼운 차림으로 영국박물관으로 향한다.

'뮤지엄 데이'는 타국에서의 생활 초창기에 혼자서 시간을 즐기는 방법이었다. 지금이야 친한 언니도 생기고 동생들과 친구들, 건너 아는 사람들까지 인간관계가 좀 넓어졌다고 하지만, 남편 외에는 아는 이 하나 없는 외톨이 시절이 있었다. 날씨가 좋은 날엔 그래도 이곳저곳 돌아다닐 수 있었지만 잔뜩 흐리거나 비라도 오는 날이면 우울감에 빠지기 쉬운 타국 생활이었다. 그럴 때 런던의 박물관은 나에게 위안을 주는 친구가 되어주었다.

각자의 이야기를 담고 있는 물건들이 가득한 공간. 어떻게 생겨났는지, 다른 나라에서 어떻게 런던까지 오게 되었는지, 누구로부터 온 것인지 등등의 각각의 사연을 읽고 듣는 것은 친구와의 대화처럼 재미있다. 친구와의 시끌벅적한 대화도 좋지만 가끔 런던에서 '조용한 대화'를 나누고 싶은 날에는 런던의 박물관에 가보자. 런던에는 다양한 이야기를 담은 박물관들이 있다. 동선을 따라 시간 순으로 변화하는 런던의 역사를 보여주는 런던 박물관Museum of London, 교통수단의 발달을 실물로 보고 직접 체험할 수 있게 준비해놓은 교통 박물관London Transport Museum, 실험과 경험으로 과학의 원리를 이해할 수 있게 하는 과학 박물관Science Museum을 비롯해 입구의 거대한 공룡 뼈를 시작으로 전시실 하나를 가득 채운 돌고래 모형까지, 아이들을 신나게 하는 자연사 박물관Natural History Museum. 물론 마니아층을 위한 소형 박물관들도 있다. 예를 들면 영국박물관 옆의 카툰 박물관Cartoon Museum이나 노팅힐에 있는 브랜드와 광고, 제품 포장 등을 주제로 한 패키지 박물관Museum of Brand, Packaging and Advertising 등이 그 예이다. 런던의 박물관들은 이처럼 많은 이야기를 들려줄 준비가 되어 있으니 관심사에 따라 혹은 그날의 기분에 따라 박물관을 활용해보자.

The Great Court Restaurant

그레이트 코트 레스토랑

1 그리스 신전을 연상시키는 웅장한 영국박물관.
2 영국박물관의 인기 전시물 중 하나인 람세스 2세의 거대 흉상.
3 버얼리 사의 그린 패턴 테이블웨어.

그레이트 러셀 스트리트에서 바라보는 영국박물관은 먼저 거대한 크기로 보는 이를 압도한다. 44개의 그리스식 기둥으로 세워진 입구는 마치 그리스 신전 앞에 서 있는 것 같은 기분이 들게 한다. 모두 같은 마음인지 정문 앞에서부터 사진을 찍는 사람들로 붐빈다. 처음 박물관이 지어진 위치를 중심으로 주변의 69채의 집들을 구입해서 증축해나갔다고 하니, 들어가기도 전에 이미 그 규모를 보고 입이 벌어진다.

고대 이집트부터 시작해 그리스와 로마, 중동과 아시아의 유물 등 그 안에 담고 있는 컬렉션의 종류와 양 또한 크기만큼이나 방대하다. 오디오 가이드의 안내에 따라 방을 옮겨다니며 구경을 하다보면 런던 한복판에서 세계 여러 나라를 구경하고 나온 기분이 들어 왠지 세계사 책을 읽고 싶다는 생각까지 든다.

작품 감상에 몰입하다보면 잠시 쉬고 빈속도 좀 채워줘야겠다고 느끼는 타이밍이 온다. 전체 동선이 4km 정도라고 하니 그럴 만도 하다. 돔 형태의 천장 아래 가운데 위치한 박물관에서 제일 높은 층의 그레이트 코트 레스토랑은 넓은 박물관을 관람하고 여운을 그대로 옮겨 티타임을 하기 좋은 곳이다. 높은 곳에서 내려다보는 홀의 모습에 박물관의 웅장함을 더 실감할 수 있다.

두 개의 스콘과 클로티드크림과 잼, 그리고 홍차가 포함된 메뉴인 크림티Cream Tea만으로도 충분히 포만감 있는 티타임이 된다. 티와 티푸드는 요즘 우리나라 주부들 사이에서 유명한 영국 그릇 브랜드 버얼리의 그린 테이블웨어에 준비해준다. 부드러운 컬러의 우드 테이블 위 그린 컬러의 그릇들이 편안하게 입맛을 돋운다. 분위기나 맛 모두 바깥의 여느 호텔이나 티룸 못지않게 훌륭하니 관람 후 꼭 쉬어가자. 수많은 방문객들이 방문하는 곳인 만큼 예약을 하는 것이 좋다. ☕

British Museum, Great Russell Street, London, WC1B 3DG
토-목 11:30~17:30 금 11:30~20:30 애프터눈 티 15:00~17:30
020 7323 8990
www.britishmuseum.org/visiting/eating/great_court_restaurant.aspx

유물들을 감상한 후 여운을 그대로 옮겨 티타임을 해도 좋다.

The V&A Café

V&A 카페

1

3

1 빅토리아 시대 건축물의 화려함을 그대로 보존한 V&A.
2 마치 매일 열리는 파티장 같은 화려한 카페 홀.

1857년 오픈 당시 사우스 켄싱턴 뮤지엄South Kensington Museum이라는 이름으로 불린 빅토리아 앤 앨버트 뮤지엄은 성공적인 전시회 등으로 발전하여 새로운 건물을 세우며 그 규모를 키웠다. 전시장을 위해 지어진 철제 프레임과 유리로 된 천장의 홀은 빅토리아 시대 최고의 건축물로 남아 있다. 1889년 빅토리아 여왕은 거대한 정면 장식을 포함한 새로운 건물을 세웠고 예전의 이름 대신, 남편 앨버트 공을 기려 지금의 이름으로 불리게 했다. 그후로 컬렉션은 점점 늘어났고 세계의 아름답고 훌륭한 작품들이 모였다.

세라믹, 유리공예, 텍스타일, 드레스, 은제품, 철강제품, 보석, 가구, 그림, 프린트 아트와 사진전 등 국한되지 않은 다양한 컬렉션이 쉴 틈을 주지 않고 영감을 준다. 그리고 그 영감에 영향을 받은 영국의 유명 디자이너들과 콜라보레이션을 펼치기도 한다.

박물관 안에는 화려한 문양의 천장, 동그랗고 커다란 금빛 조명, 빅토리아 시대 화려했던 장식을 그대로 보존한 카페, 더 V&A 카페가 있다. 촉촉한 캐롯 케이크와 스콘, 따뜻한 티를 골라 테이블에 앉아 티타임을 즐겨본다. 어디서도 먹을 수 있는 기본적인 티푸드지만 화려한 홀 안에 앉아 있다보면 성대한 파티에 초대되어 와 있는 것 같은 기분이 든다.

카페 홀로 들어가기 전 핫 푸드, 샐러드, 콜드 푸드 등 각각 섹션으로 나누어놓은 푸드 코트에서 먹고 싶은 메뉴를 골라 직접 가져갈 수 있다. 푸드 코트마저 갤러리 전시홀 느낌이다. 기념품 숍에서 산 엽서에 편지를 쓰면서 티타임의 여유를 즐겨보면 어떨까. 엽서나 서빙 플레이트의 화려한 패턴이 V&A에서의 티타임 이미지를 머릿속에 강렬하게 새겨준다. 촉촉한 캐롯 케이크가 카페의 인기 메뉴이다. ☕

Cromwell Road, London, SW7 2RL
토-목 10:00~17:15 금 10:00~21:30
020 7942 2000
www.vam.ac.uk/visiting/visitor-information/#eat

Don't miss

날이 좋은 날엔 V&A 가든으로 나가보자. 가든 카페에서도 커피와 티, 스콘과 케이크를 비롯한 간단한 푸드들을 판매하고 있어 날씨가 좋은 날엔 테이블이나 잔디에 앉아 햇살을 즐기기에 좋다.

여름에는 가운데에 물이 채워져 보기만 해도 시원한 안쪽 가든.

The Geffrye Museum's Café

제프리 뮤지엄 카페

1 정원부터 잘 가꾸어진 제프리 뮤지엄.
2 푸른 가든을 바라보며 즐기는 계절 과일 타르트.
3 시대별 주택 양식을 보여주는 전시실.

시대별 영국 중산층의 주택 양식과 실내 장식의 변화를 볼 수 있는 제프리 뮤지엄. 이스트 런던의 작지만 아기자기하고 알찬 박물관이다. 정문으로 들어서면 고즈넉한 분위기의 가든과 함께 보이는 박물관의 모습이 평화롭게 느껴진다. 17세기부터 20세기 후반, 현대까지의 영국 하우스 인테리어의 역사를 시대별로 살펴볼 수 있는 곳으로, 가든 또한 잘 조성되어 있어서 영국 스타일의 집과 인테리어에 관심이 많은 사람에게는 그 어떤 런던의 박물관보다도 보물 같은 곳이다. 특히 영국 앤티크를 좋아하는 사람들에게 망설임 없이 추천한다. 실제 룸을 재현해서 연도별로 실내 디자인, 가구를 보여주고 있어서 누군가의 집에 놀러간 것 같은 편안함까지 느낄 수 있다. 벽지, 가구, 액자, 샹들리에 등 지금 봐도 예쁜 옛 시대의 소품들이 보는 재미를 준다.

초대받은 집 구경을 마친 기분으로 티타임을 하러 갈 수 있는 뮤지엄 내부의 카페! 박물관 동선에서 자연스럽게 연결되는 오픈형 카페는 가든이 보이는 창과 벽돌로 된 벽이 전시실에서 영국 스타일 인테리어를 관람하며 받은 느낌을 유지시켜준다. 창문이 많아 자연광이 가득하다. 박물관은 공짜로 입장이 가능해서 이 포근한 카페가 목적이 되어 올 때도 많다.

푸른 가든을 바라보며 신선한 무화과를 그대로 넣었다는 타르트와 진한 홍차로 티타임을 보내고 있으니 솜씨 좋은 친구의 집에서 편안하게 시간을 보내고 있는 것 같은 기분좋은 착각이 든다. 인테리어 잡지를 하나 사와 읽으면서 느긋하게 예쁜 집을 꿈꾸며 보내기 좋은 휴식 공간이다. ☕

136 Kingsland Road, London, E2 8EA
화-일 10:00~17:00
020 7739 9893
www.geffrye-museum.org.uk/visit/cafe

창이 많아 자연광이 은은하게 흐르는 탁 트인 카페 공간.

The Wallace Restaurant

월리스 레스토랑

1 하늘이 그대로 보이는 유리 천장.
2·3 베르사유만큼 화려한 전시실과 소장품들.
4 묵직한 티팟에 담긴 티와 달콤한 빅토리아 스펀지케이크, 스콘이 인기.

하트퍼드Hertford 가문의 수집품들과 함께 국가에 기증된 18세기 저택을 개조한 박물관. 월리스 컬렉션은 우아한 전시실과 컬렉션을 구경하고 내부의 카페에서 티타임을 갖기에 좋은 아주 훌륭한 데이트 장소이다. 18세기 프랑스의 그림, 가구, 도자기를 포함해 15세기부터 19세기의 세계적인 미술품과 장식품이 모여 있다. 1897년에 설립되어 1900년 대중에게 오픈된 이곳은 층마다 여러 룸으로 이루어져 있고 룸마다 다른 콘셉트의 인테리어와 컬렉션으로 채워져 있어 어느 한순간 지루할 틈이 없다. 특히 많은 마리 앙투아네트의 수집품을 비롯해 프랑스 왕가의 수집품들을 보다보면 이곳이 영국인지 프랑스 베르사유인지 모를 정도다.

〈겨울왕국〉에 나와 더 유명해진 장오노레 프라고나르의 〈그네The Swing〉도 꼭 봐야 할 작품이다. 전시품 앞 소파에 앉아 작품을 바라보고 있으면 꼭 귀족이 된 기분마저 느껴진다. 드레스 코드가 없는 곳이지만 왠지 예쁘고 깔끔한 원피스에 또각또각 구두를 신고 관람하면 더 좋을 듯하다.

전시품을 구경하다보면 전시품 사이의 창문을 통해 카페를 찾을 수 있다. 파티장에 들어서듯 설레는 마음으로 문을 밀고 들어가본다. 그림에서 보았던 여인의 핑크빛 볼터치 같은 분홍빛 벽면이 사랑스러운 공간에 유리로 된 천장으로 자연광이 들어와 포근하다. 중간

중간 놓아둔 나무들은 실내 정원처럼 자연스럽고 편안한 분위기를 만들어준다.

프렌치 스타일 푸드를 제공하는 페이턴 앤 번의 티푸드와 함께 평범한 오후를 우아하게 만들어보자. 오리엔탈 스타일의 묵직한 티팟에 제공되는 티는 오랫동안 따뜻함을 유지한다. 와인 컬러의 가장자리 장식과 월리스 컬렉션 로고가 찍힌 접시가 클래식하다. 부드러운 스콘과 클로티드크림, 잼과 티 한 잔이 세트인 크림티와 케이크 사이사이에 달콤한 크림과 딸기가 들어 있는 빅토리안 스펀지케이크를 추천한다.

나오는 길의 뮤지엄 숍에서 진한 여운을 달래도 좋다. 프렌치 스타일의 도자기를 가벼운 재질로 만들어놓은 센스 있는 티 플레이트와 액자 장식의 컵받침을 기념품으로 가져가면 집에서도 프렌치 스타일의 티타임을 즐길 수 있지 않을까. ☕

Hertford House, Manchester Square, London, W1U 3BN
일-목 10:00~17:00 금-토 10:00~23:00 애프터눈 티 14:30~16:30
020 7563 9505
www.wallacecollection.org/visiting/thewallacerestaurant

'런던의 박물관 중 한 곳만 가야 한다면 어디를 추천하겠냐'는 물음에 망설임 없이
추천하는 곳.

66

비 오는 날이면 어김없이 찾는
낭만적인 대피소들.

99

갤러리 카페

잠에서 깬 아침, 비가 오거나 비가 오려고 잔뜩 찌푸린 하늘을 만나게 되는 날이면 뭔가 기름진 음식이 생각나서 동네의 작은 식당을 찾게 된다. 절대 고급스러운 곳이면 안 되고 우리나라로 치면 분식집 같은 포스를 풍기는 곳이어야만 한다. 그런 곳 특유의 달달하고 진한 밀크티를 마시며 버터를 잔뜩 발라 구운 식빵에 설탕을 조금 뿌려 완전 해비한 식빵 한 쪽을 먹고 나면 온몸을 무장한 기분이 든다. 비가 오는 날 기름진 음식이 생각나듯 비 오는 날 꼭 가야 할 곳이 있다. 바로 갤러리 카페다.

어느 도시가 되었던 갤러리 내에 있는 카페에서의 휴식을 좋아하기 때문에 여행할 때면 꼭 들러보곤 한다. 특별히 보고 싶은 작품이 없어도 좋다. 갤러리가 주는 특유의 차분한 분위기가 그대로 이어져 있는 갤러리 카페는 한 번도 나를 실망시킨 적이 없다. 그 중 내셔널 포트레이트 갤러리 카페는 런던에서 좋아하는 카페 중에서도 몇 손가락 안에 꼽을 만큼 좋아하는 곳이다. 말했듯이 비오는 날에는 특히 더! 바로 비 오는 날에 생긴 특별한 추억 덕분이다.

갑자기 소나기를 만난 날, 변덕스러운 것으로 일등인 런던의 날씨이니 곧 비가 멈추겠지 했지만 금세 폭우로 변한 비를 흠뻑 맞으며 뛰어가던 때 어느 한 곳이 눈에 들어왔다. 유리를 통해 보이던 지하 공간. 그 안에서 사람들이 차를 마시고 있는 모습이 습기 찬 유리 사이로 보여 발걸음을 멈추었다. 그곳이 바로 내셔널 포트레이트 갤러리, 바로 국립 초상화 갤러리의 지하 카페였다. 망설임 없이 폭우를 피해 들어가보았다. 지하의 서점 옆 긴 통로 구조의 작은 카페. 비도 맞은 터라 따뜻하고 진한 카푸치노 한잔이 간절했다. 통유리로 된 천장에는 빗방울이 떨어지는 것이 보이고 유리로 떨어지는 빗소리도 운치 있게 들리던 공간. 낭만적인 대피소가 바로 그곳에 있었다. 카페에 한참을 앉아 몸과 마음을 달래고 갤러리로 올라가 영국 유명인사들의 초상화와 사진들을 마주하고 나오니 언제 그랬냐는 듯 거짓말처럼 비가 그쳐 있었다.

괴테는 말했다. "신이 인간의 영혼에 심어둔 미적 감각을 잃지 않으려면 누구나 매일 음악을 듣고, 좋은 시를 읽고, 좋은 그림을 감상해야 한다." 런던은 이 조언을 실행하며 살기에 더할 나위 없는 도시다. 스마트폰에 좋은 음악을 가득 담아 런던의 갤러리로 가자. 근처의 멋있는 풍경과 장소들은 보너스로 얻을 수 있다. 갤러리 카페로 들어가 좋은 글까지 읽는다면 우리의 인생을 풍요롭게 만드는 미션 하나는 너무나 쉽게 완성이다. 🍵

The National Dining Room

내셔널 다이닝 룸

1 런던의 중심 트래펄가 광장의 내셔널 갤러리. 2 갤러리 카페 분위기를 만들어주는 벽화 장식.
3 연어 크림치즈. 에그 마요, 오이, 햄앤치즈 필링의 영국 애프터눈 티의 기본이 되는 샌드위치.

런던의 중심이라고 해도 과언이 아닌 트래펄가 광장. 넬슨 제독이 높은 곳에 우뚝 서 있고 사자들이 그 주변을 지키고 있다. 마치 런던을 든든하게 지켜주듯 자리를 잡고 있는 모습이다. 런던을 방문하는 사람 중에 트래펄가 광장을 스치지 않는 사람은 없을 것이다. 관광객으로 넘쳐나는 복잡한 관광 명소지만, 광장 계단을 올라가 테라스 끝에 서서 광장을 내려다보면 빠르게 움직이는 사람들을 배경으로 왠지 모를 여유로운 공기가 감돈다. 분수에서 뿜어져 나오는 물줄기와 사자 동상 사이로 멀리보이는 빅벤까지, 정말 런던다운 이 풍경은 이 도시에서 절대 잊지 못할 장면이다.

존재 자체만으로 매력적인 이 광장에 매력 하나를 더한다면 이곳에 위치한 두 곳의 국립 갤러리가 그것이다. 고흐의 〈해바라기〉를 볼 수 있고 모네의 풍부한 색감을 직접 확인할 수 있는 내셔널갤러리, 그리고 마치 유명 인사들을 직접 마주하는 듯한 기분을 안겨주는 내셔널 포트레이트 갤러리에서 눈이 즐거워지고 영감이 풍부해졌다면 이제 갤러리 카페로 가서 입을 즐겁게 하고 기분을 좋게 해줄 차례다!

내셔널갤러리의 신관 세인스버리 윙 1층에 위치한 갤러리 카페인 내셔널 다이닝 룸은 작품 감상 후 혹은 전에 티타임을 하기에 좋은 곳이다. 건물 구조상 광장의 전망이 시원하게 펼쳐지지는 않지만 광장의 생동감 있는 움직임을 느끼기에는 충분하다. 페이턴 앤 번의 티푸드가 제공되는데, 깔끔한 맛의 샌드위치와 주먹만한 스콘이 인상적이다. 스콘 한입 베어물고 광장을 바라보고 티 한 모금을 마셔보자.

영국식 디저트까지 먹고 나니 에너지가 넘쳐서 다시 갤러리 안으로 들어가 좋아하는 그림 앞에서 소화를 시킨다. 학교에서 나온 미술 수업인 듯 아이들은 그림 앞에 조르륵 앉아 선생님의 설명을 열심히 듣고 있다. 다 못 알아듣지만 옆에 자리를 잡고 눈치껏 청강생이 되어본다. ☕

Sainsbury Wing, The National Gallery, Trafalgar Square, London, WC2N 5DN

토-목 10:00~17:00 금 10:00~21:00 애프터눈 티 14:30~16:30

020 7747 2525

Don't miss

홈페이지를 통해 트래펄가 광장이 보이는 창가 자리를 예약할 수 있다.

www.peytonandbyrne.co.uk/the-national-dining-rooms/index.html

스콘 한입 베어물고 트래펄가 광장을 바라보고 티 한 모금을 마신다.

Kitchen&Bar at Tate Modern

테이트 모던의 키친&바

1 보행자만의 다리 밀레니엄 브리지.
2 밀레니엄 브리지에서 바라본 테이트 모던.
3 세인트폴 전경이 펼쳐지는 작품 같은 창밖 풍경을 즐기는 사람들.

템스 강 위에는 33개의 다리가 있다. 차와 사람이 건널 수 있는 다리, 기차가 달리는 다리 등 용도도 다양하다. 그중 유일하게 보행자만 건널 수 있는 다리가 있다. 바로 밀레니엄을 기념하여 만든 밀레니엄 브리지. 폭 4미터, 길이 325미터의 이 다리는 천천히 그 위를 걸으며 양쪽으로 펼쳐지는 템스 강의 풍경을 감상하기에 좋다. 차가 다니지 않아 사진을 찍기 좋다는 것도 여행자에겐 큰 매력 아닐까. 뱉어놓은 껌 위에 그림을 그려 예술로 승화시킨 벤 윌슨Ben Wilson의 400개가 넘는 작품을 찾는 재미로 놓치지 말자. 검게 변한 흉물스러운 껌은 비둘기, 우주선, 연인, 도마뱀으로 다시 태어났다. 유럽으로 신혼여행을 오기로 한 후배가 런던에 하루 있게 되었다면서 하루 동안 어디를 가야 할지 물어보기에 세인트 폴 성당과 테이트 모던을 추천해주었다. 강변의 풍경까지 덤으로 얻을 수 있는 이 코스는 데이트 코스로 더할 나위가 없다. 밀레니엄 브리지는 이 두 곳을 이어주는 오작교 같은 다리다.

테이트 모던 6층으로 올라가면 전망 좋은 레스토랑이 있다. 왼쪽은 테이블 서비스를 받을 수 있는 공간이고 창가의 바는 주문을 하고 셀프서비스로 자유롭게 이용하는 공간이다. 빈 자리 하나를 차지하고 앞을 보면 창밖으로 마음을 뺏기는 풍경을 마주하게 된다.

테이블과 평행하게 흐르는 템스 강, 세인트 폴 성당의 평화로운 자태와 강 건너편에서 시작하는 밀레니엄 브리지의 모습까지 한꺼번에 눈에 들어온다. 독일군의 폭격에도 무너지지 않고 그 위엄을 유지하며 런던을 지켰다는 세인트 폴 성당이 더욱 기품 있어 보인다. 푸른색이 아닌 템스 강은 세월이 색을 만든 회갈색의 벽돌과 어우러져 분위기를 더한다. 같은 풍경이라도 날씨에 따라 전혀 다른 모습으로 변화하는 풍경을 통창으로 바라보면 꼭 현대미술 작품을 감상하는 기분마저 든다.

티나 커피 맛있는 케이크, 물론 그 자체의 맛도 중요하지만 어떤 분위기에서 어떤 풍경을 바라보며 먹고 마시는지도 너무나 중요하다. 관광지를 배경으로 사진 한 장 찍는 것보다 좋아하는 풍경을 바라보며 그 자체로 마음을 뺏기는 순간이 더 좋다는 '사색형 여행자'라면 이곳 테이트 모던 레스토랑&바보다 좋은 곳은 없을 것이다. 테이트 모던의 수많은 현대미술 작품보다 오히려 카페에서 바라본 풍경이 오래도록 기억에 남아 있을지도 모른다. ☕

Bankside, London, SE1 9TG
일-목 10:00~17:30 금-토 10:00~21:30
020 7401 5108
www.tate.org.uk/visit/tate-modern

런던 최고의 뷰라는 평을 받는 곳에서의 최고의 시간을 보내볼까.

The Courtauld Gallery Café

코톨드 갤러리 카페

1 크게 붐비지 않아 조용한 작품과의 교류가 가능한 갤러리.
2·4 갤러리와 지하의 작지만 편안한 카페.
3 에드워드 마네의 작품 〈폴리베르제르의 술집〉.

서머셋하우스 안에 위치한 더 코톨드 갤러리는 런던에서 보기 드문 유료 미술관인데, 규모는 작지만 작품 구성은 아주 알차기로 유명하다. 에드워드 마네의 〈폴리베르제르의 술집〉, 빈센트 반 고흐의 〈귀에 붕대를 감은 자화상〉, 에드가 드가의 〈무대 위의 두 무희〉 등 아주 유명한 인상주의 작품들을 아주 가까이에서 볼 수 있다. 머스트시must-see 뮤지엄이라 평가되는 곳인 만큼 꼭 놓치지 말고 방문해보자.

파리의 복잡한 오르세 미술관에서 인파에 치여 명화의 감동을 제대로 느껴보지도 못한 채 아쉬운 마음을 안고 런던으로 돌아온 뒤 우연히 이곳에 들어섰을 때 한적한 공간에서 명화와 정면으로 교감을 할 수 있어서 아쉬움을 달랠 수 있었다. 인상주의 작품들의 풍부한 색감과 명화 속 인물들의 감정 선을 따라가며 관람을 마쳤다. 그대로 밖으로 나가버리면 감동의 여운이 바깥바람에 다 날아갈 것만 같은 생각이 들어서 갤러리 지하에 있다는 카페에 가보기로 한다.

생각보다 협소한 첫인상에 잠시 망설였지만 밝은 미소로 환영해주는 직원의 안내에 이끌려 자리에 앉았다. 따뜻한 티와 스콘을 먹으며 시간을 보내다보니 첫인상에서는 느낄 수 없었던 편안함이 점점 매력적으로 다가왔다. 처음 보았을 때는 감흥이 없었던 그림이 볼수록 눈길을 사로잡는 것 같은 느낌과 비슷할까?

따뜻한 티 한 잔으로 마음을 가다듬고 조금 전에 보았던 명화들을 떠올려본다. 나가는 길 마네의 유언장이라고도 불리는 〈폴리베르 제르의 술집〉 작품을 다시 한번 보고 가야겠다는 마음을 품고 차분하게 티타임을 마무리해본다. ☕

Somerset House, Strand, London, WC2R 0RN
매일 10:00~17:30
020 7848 2527
courtauld.ac.uk/gallery

Don't miss

서머셋하우스는 여름에는 높낮이가 바뀌는 55개의 분수가 있는 물의 광장이 되고, 겨울에는 대형 트리와 아이스링크가 세워져 얼음의 광장이 된다. 매년 협력 브랜드가 달라지는데 보석 브랜드 티파니 앤 코 Tiffany&Co., 패션 브랜드 코치Coach, 전통 있는 홍차 브랜드 포트넘 앤 메이슨Fortnum & Mason 등이 각 브랜드의 특성을 살려 공간을 변신시킨다.

계절마다 반전의 매력을 보여주는 서머셋 하우스의 광장.

The Café at Sotheby's

카페 엣 소더비

1 검정색 차양과 황금색의 글씨가 클래식한 소더비의 입구.
2 안내 데스크 옆의 더 카페.

"파블로 피카소의 손녀 마리나 피카소가 경매에 내놓은 피카소의 유작 180여 점이 원화로 약 181억 원에 낙찰되어 자선사업에 쓰일 예정이다. 마오쩌둥이 1937년 당시 영국 노동당 당수였던 클레멘트 애틀리에게 보낸 친필 사인이 담긴 편지는 약 11억 원의 가격에 중국인 수집가에게 낙찰되었다. 화가 구스타프 클림트의 작품 〈게르트루드 뢰베의 초상화〉는 클림프 재단과 초상화의 주인공인 뢰베의 가족과의 소유권 분쟁이 끝난 후 경매에 나와 원화로 약 432억 원에 낙찰되었다."

기사 속의 이 소식들은 모두 런던의 소더비에서 이루어진 일들이다. 신문에서는 소더비 경매의 낙찰 소식이나 어떤 물건이 경매에 곧 나올 거라는 소식 등을 자주 접할 수 있다. 낙찰 가격을 읽어도 얼마나 비싼지 감도 안 오는 어마어마한 액수를 보면 과연 소더비에는 도대체 어떤 사람들이 가는 것일까 궁금해진다.

검정색 플래그 위에 쓰여 있는 황금색의 소더비라는 글자가 클래식한 느낌으로 맞이한다. 서적이 진열된 깔끔하면서도 인상적인 입구를 지나면 컬렉션을 볼 수 있는 홀이 나오고, 홀 왼쪽으로 얌전하게 자리잡은 카페가 보인다. 화이트 테이블보 위로 깔끔하게 준비된 세팅이 돋보인다. 냅킨 위에 금박으로 새겨진 소더비 로고와 'The Cafe'라고 쓰여 있는 페이퍼매트를 보니 세심한 것에까지 소더비의 이미지를 반영했다는 느낌이 든다.

지나다니는 컬렉션을 보러 온 세련된 차림의 사람들의 모습이 패션 위크 참석자들 못지않다. '저 사람들은 신문에서 보았던 그 엄청난 금액을 지불할 수 있는 사람들일까?' 하는 들키면 창피할 생각으로 그들을 몰래몰래 쳐다본다. 차를 시키면 카페의 첫인상만큼이나 우아한 화이트 테이블웨어에 아주 깔끔하게 서브된다.

컬렉션을 사지 않더라도 충분히 예술적 영감을 받을 수 있는 시간을 보냈다고, 약간의 허세를 부려봐도 좋다. 이왕 허세를 부리는 김에 '나도 작품 하나 수집해볼까' 하는 마음가짐으로 가보자. ☕

34-35 New Bond St, London W1A 2AA
월-금 09:00~17:00 애프터눈 티 15:00~16:45
020 7293 5077
www.sothebys.com/en/inside/services/sothebys-caf/overview.html

호텔 못지않은 젠틀한 서비스 또한 이곳을 다시 찾고 싶게 하는 장점이다.

런던에서 클래식은 애프터눈 티만큼이나 일상적인 경험이 된다.

클래식한 하루

추운 겨울날, 튜브(런던의 지하철)에서 내리자마자 바깥에서부터 지하까지 불어들어온 매서운 겨울바람이 느껴졌다. 조금은 신경 질적으로 머플러를 한번 더 동여매고 에스컬레이터를 타고 올라 가는 동안 귓가에는 서정적인 바이올린 선율이 점점 선명하게 들 려왔다. 아름다운 선율 때문인지 무표정한 출근길의 사람들도 한 번씩은 연주가에게 고개를 돌려 눈길을 주며 빠르게 발걸음을 재 촉하고 있었다. 또 어느 날은 템스 다리 아래 터널을 따라 다리 밑 을 지나가는 길에 색소폰을 부는 아저씨를 만났다. 뚫린 공간을 가득 채우며 울려퍼지던 색소폰 소리는 도로 위를 달리는 차들이 만들어내는 도시의 소리와 어딘가 모르게 어우러졌다. 코벤트 가든에 들어서면 항상 멀리서 소프라노의 목소리가 먼저 나를 반겼다. 그녀(때로 그)는 근처에서 식사를 하던 사람들, 한 곡조 듣기 위해 걸음을 멈추고 울타리에 몸을 기대고 구경하던 사람들에게 아름다운 소리를 선물했다. 런던 도심 곳곳에는 도시 한 켠을 무대 삼아 연주하는 예술가들이 있다. 그들은 그냥 지나칠 수 있었던 공간과 아무것도 아니었던 찰나의 순간을 행복하게 만들어준다.

2012년 런던 올림픽 개막식 영상에서 영화 〈007 시리즈〉의 주인공 다니엘 크레이그가 여왕을 접견하기 위해 버킹엄 궁에 들어설 때 배경음악으로 헨델의 〈시바 여왕의 도착〉이 흘러나왔다. 특유의 경쾌한 리듬과 멜로디는 버킹엄 궁 배경과 다니엘 크레이그의 젠틀한 발걸음과 너무나 잘 어우러져 여왕이 모습을 드러낼 때까지 기분좋은 긴장감을 느끼게 해주었다. 헨델은 잘 알려진대로 독일 출생이지만 런던을 좋아해서 런던에서 활동한 클래식 작곡가로, 지금은 웨스트민스터 성당에 묻혀 있다. 옥스퍼드 스트리트와 가까운 곳에 헨델이 살던 집을 헨델 박물관Hendel House Museum으로 만들어놓아 그의 흔적을 만날 수도 있다. 헨델의 영향을 많이 받았다는 영국의 작곡가 엘가의 작품 〈위풍당당 행진곡〉은 영국을 상징하는 곡으로 왕실의 공식 중요 행사에서 연주된다. 하이든의 〈놀람 교향곡〉은 연주회 중에 졸기 일쑤였던 런던의 귀족들을 놀라게 하려고 만든 곡이라는 뒷이야기까지. 런던에서 활동하던 클래식 작곡가들의 이야기는 '클래식의 수도'라 불리기도 하는 런던과 얽힌 재미있는 배경 지식이다.

실내악의 성지라고 불리는 위그모어 홀부터 화려하면서도 클래식한 내부 장식과 대규모의 수용 인원을 자랑하는 로열 앨버트 홀 등이 있는 런던은 클래식 음악을 즐기기에 더할 나위 없이 좋은 도시이다. 길거리 연주에 감동을 받아 1파운드 동전을 악기 케이스에 던지고 가는 사람들과 명연주자의 공연 티켓을 구하기 위해 웨이팅 리스트에 올리는 사람들이 공존하듯, 런던에서의 클래식은 기호에 맞춰 마시는 티처럼 일상적이면서도 특별하다.

Wigmore Hall Restaurant

위그모어 홀 레스토랑

1 번화한 옥스포드 스트리트 바로 뒤, 위그모어 스트리트에 위치한 위그모어 홀.
2 공연이 없는 날은 아주 한가한 지하 카페.

첼리스트 장한나가 런던에서 연주를 한다는 소식을 들었다. 공연장은 550석 규모의 위그모어 홀로, '실내악의 성지'라 불리는 유명한 곳. 위그모어 스트리트의 36번지에 위치한 위그모어 홀은 한 해 400번 가량의 연주가 이루어진다고 한다. 세계적으로 유명한 아티스트 초청 연주는 물론 초등학교 학생들의 연주까지 다양한 독주회와 실내악을 선보이고 있다. 우리나라 돈으로 3만 원이 안 되는 가격으로 장한나의 연주를 들을 수 있다는 건 정말 선물 같은 일이었다. 더욱이 위그모어 홀은 무대와 관객과의 거리가 가까워 더 가까이서 볼 수 있기까지! 그날 그녀의 연주를 듣고 내린 결론. 명연주는 나 같은 무지한 청중에게도 감동을 주는 것이구나. 그날의 감동에는 고풍스러운 위그모어 홀의 분위기도 한몫했다.

위그모어 홀은 옥스퍼드 스트리트에서 한 골목 뒤로 들어간 비교적 한적한 거리에서 아주 클래식한 외관으로 반겨준다. 입구에 들어서면 반질반질 윤이 나는 우드 벽 위로 이곳에서 연주를 했던 유명인들의 사진들이 걸려 있고 와인 컬러의 카펫을 따라 들어가면 작은 박스 오피스가 보이고 공연장으로 들어서는 앞쪽에 아담한 사이즈의 로비가 있다. 돔 형태의 천장과 대리석 벽과 전등은 앤티크 분위기를 만들어 공연 전 마음을 사로잡는다. 홀 안쪽은 소박하지만 정통성이 느껴진다. 위그모어 홀의 무대는 다른 공연장들보다도 유난히 시선을 집중시키는 힘이 있다. 무대 위 음악의 신이 그려져 있는 벽화까지, 클래식한 하루를 보내기에 완벽한 곳이다.

메인 입구 왼쪽에는 지하 레스토랑으로 내려가는 입구가 보인다. 얼핏 보면 단조롭고 조금은 촌스러운 인테리어의 레스토랑이지만 앉아 있다보면 잔잔히 흐르는 클래식 음악과 차분한 분위기가 마음을 편안하게 해준다. 런치 콘서트나 디너 콘서트 전후로는 줄을 서야 할 정도로 붐비지만 콘서트 스케줄이 없는 시간대에는 조용한 휴식을 취하기에 더할 나위 없이 좋다. 옥스퍼드 스트리트의 쇼핑 인파에서 벗어나고 싶을 때면 이곳으로 피신해보자.

위그모어 홀의 리셉션에서 가지고 온 공연 프로그램 브로슈어를 천천히 살펴보며 티타임을 갖는다. 전문가의 솜씨로 만들어주는 커피 메뉴 또한 추천한다. 앞으로 있을 공연을 살펴보며 꼭 들어봐야 할 것에 볼펜으로 표시를 하며 차분한 오후를 보내본다. 벽에 걸린 연주자들의 모습을 그려놓은 스케치도 소소한 보는 재미를 준다. ☕

36 Wigmore Street, London, W1U 2BP
월-금 11:30~19:30 토 17:00~19:30 일 09:30~19:30
020 7258 8292
wigmore-hall.org.uk/visit-us/restaurant-and-bar

Cafe in the Crypt

카페 인 더 크립트

1

2

3

1 트래펄가 광장 옆 뾰족하게 솟아 있는 첨탑의 교회.
2 예배당의 유리창살이 만들어내는 십자가.
3 아치형의 벽돌과 은은한 조명이 분위기 있는 지하 묘지 카페.

트래펄가 광장의 길 건너 바로 옆에 그냥 지나쳐서는 안 될 건물이 하나 있다. 뾰족하게 솟아 있는 첨탑이 눈에 띄는 교회, 세인트 마틴 인 더 필즈St Martin in the Fields는 제임스 깁스에 의해 1726년 완공되어 지금까지 그 자리에서 런던을 지켜내고 있는 숨겨진 랜드마크라고 할 수 있다. 헨델과 모차르트가 연주를 했다는 설명에 이곳의 역사가 비로소 실감이 난다.

이곳은 오랜 역사 속의 건물로만 머무르지 않고 정부의 지원금과 교민과 이웃들의 성금, 기부금으로 리노베이션을 거쳐 더 좋은 시설을 갖추면서 이제는 클래식, 재즈, 전시회 등의 프로그램을 선보이고 있다. 덕분에 종교적인 기관의 역할을 넘어 새로운 문화 공연의 장으로 떠올랐는데, 특히 매주 월·화·금요일에 열리는 런치타임 무료 콘서트가 큰 인기를 끌고 있다.

돔 형태의 화이트 천장과 화려한 장식, 불빛을 반짝이고 있는 샹들리에, 짙은 컬러의 의자와 바닥이 이루어내는 조화가 아름답다. 창문 패턴이 그려내는 십자가의 모습이 신비로운 느낌을 준다. 역량 있는 젊은 음악가에게 연주 기회를 주고 시민들에게는 좋은 음악을 들려주기 위해 시작한 세인트 마틴 인 더 필즈의 무료 콘서트는 벌써 60년 이상의 역사를 이어오고 있다.

연주자와 프로그램은 매번 달라지는데, 질 높은 연주 덕분에 많은 이들의 사랑을 받고 있다. 한 시간 정도의 공연으로, 나올 때 3.5파운드의 기부금을 받고 있는데 자유롭게 선택할 수 있으니 부담 가질 필요는 없다.

무료 콘서트로 마음을 채우고 나면 지하 묘지의 카페로 내려가서 배를 채워볼 차례다. 지하 묘지의 카페테리아라고 하면 무서운 느낌이 먼저 들 수도 있겠다. 묘비들이 그대로 카페 바닥으로 쓰이고 있으니 무서울 만도 하지만, 아치형의 벽돌들과 은은한 조명이 어둡고 습한 지하를 멋스러운 분위기로 만들고 있다. 묘지로 쓰이던 이곳이 의외로 노부부들의 데이트, 나이 지긋한 마담들의 수다의 장이 되어 있는 게 신기하다. 슈퍼마켓으로 통하는 길 바로 옆에 묘지의 비석들이 서 있는, 삶과 죽음의 경계가 없는 나라. 이렇게 의외의 장소에서 또 한번 문화의 차이를 느낀다.

셀프서비스 카페라서 먹고 싶은 음식이나 음료를 골라 계산하고 빈자리에 앉으면 된다. 음료 냉장고부터 차가운 디저트, 스콘과 케이크류, 샐러드와 샌드위치, 따뜻한 음식, 수프와 빵, 커피와 티 순서로 이어지는 푸드 카운터로 가서 먹고 싶은 것만 쏙쏙 골라보자. 스콘과 티로 간단한 티타임을 즐겨도 좋고 주문 즉시 구워서 부드러운 빵 사이에 야채와 함께 넣어주는 스테이크 샌드위치도 인기 메뉴다. ☕

Trafalgar Square, London, WC2N 5DN

월-화 08:00~20:00 수 08:00~22:30 목-토 08:00~21:00

일 11:00~18:00

020 7766 1158

www.stmartin-in-the-fields.org/cafe-in-the-crypt

Don't miss

수요일 저녁에는 재즈 나잇 공연을 하고 있으니 재즈 선율과 와인으로 분위기 있는 저녁을 보내도 좋다. 유료이며 홈페이지에서 티켓 예매와 좌석 예약이 가능하다. 카페는 저녁 6시 30분부터 티켓 소지자만 이용할 수 있다.

Elgar Room at The Royal Albert Hall

로열 앨버트 홀의 엘가 룸

1 로마의 콜로세움 원형경기장에서 영감을 받아 지어진 로열 앨버트 홀.
2 클래식과 함께 아침잠을 깨우는 모닝커피.
3 레드피아노가 시선을 끄는 작은 공연 홀 엘가 룸.

아침을 여는 소리가 클래식 피아노 선율이라면 마냥 행복해진다. 거기에 행복을 하나 더한다면 모닝커피랄까! 이에 공감한다면 일요일 아침 로열 앨버트 홀로 가자. 매주 일요일 11시 클래식 공연과 함께하는 티타임 클래시컬 커피 모닝이 준비된다.

사우스 켄싱턴 역에 내려 임페리얼 칼리지Imperial College를 지나 조금 걷다보면 오른쪽에 웅장한 모습으로 위엄을 뽐내는 로열 앨버트 홀이 모습을 드러낸다. 로마의 콜로세움 원형경기장에서 영감을 받아 지어졌다는 이곳은 빅토리아 시대의 뛰어난 과학기술과 건축기술을 증명하고 있다. 빅토리아 여왕의 남편 앨버트 공을 기리기 위해 그의 이름을 딴 공연장으로, 매년 BBC가 주최하는 100년 전통의 행사인 BBC 프롬 등의 특별공연이 알차게 짜여 있다. 비틀즈를 비롯한 세계 유명 아티스트들의 공연이 열리기도 했다.

일요일의 클래시컬 커피 모닝이 열리는 곳은 이 5천 석이 넘는 규모의 공연장이 아닌 엘가 룸이라는 작은 방이다. 입구에서 티켓을 보여주고 앉고 싶은 자리에 앉고 카페 바로 가서 음료와 페이스트리를 받으면 된다. 빨간 피아노가 먼저 눈에 들어온다. 천장 높이까지 시원하게 나 있는 큰 창문 앞 강렬한 레드 그랜드 피아노와 빔 프로젝트를 통해 비치는 벽의 엘가 룸이라는 글씨가 멋스럽다.

공연 전 프로그램을 읽으며 커피 한 모금에 바사삭 부서지는 빵 한 조각이 주는 일요일 아침의 여유. 어린아이들과 함께 온 가족, 중년의 커플, 백발의 노부부, 혼자 온 사람들까지 아주 다양한 구성원들이 자리를 채우고 있다. 연주를 하는 모습 뒤의 큰 창을 통해서 바깥 날씨가 그대로 보여 자연스레 시선이 창밖으로 향하게 되어 있다. 소나기가 세차게 바람을 타고 사선으로 빗발치다가도 구름이 빠르게 지나가고 나면 언제 그랬냐는 듯이 햇살이 연주자 쪽으로 비춘다. 변덕스러운 런던 날씨가 그대로 보이는 창밖의 모습은 피아노 선율 덕분에 굉장히 드라마틱한 장면같이 느껴진다.

내 귀를 스쳐간 클래식의 선율이 왠지 몸 어딘가에 건강하게 쌓여 있을 것 같다는 착각마저 하게 되는 곳. 아침을 쪼갠 한 시간의 공연으로 감성지수가 많이 충전되는 뿌듯함을 느낄 것이다. ☕

Royal Albert Hall, Kensington Gore, London, SW7 2AP
020 7589 8212
www.royalalberthall.com/tickets/series/elgar-room-highlights

········· **Don't miss** ·········

강렬한 첫인상을 안겨주는 빨간 피아노는 수작업으로 제작된 야마하의 제품이다. 엘튼 존이 콘서트에서 사용한 바 있고, 영국의 유명 오디션 프로그램 〈엑스팩터The X Factor〉에도 나왔던 유명한 피아노다.

엘가 룸 한쪽의 커피 서비스가 제공되는 바.

> 숨어 있는 내 짝을 찾는다는
> 묘한 설렘까지 느낄 수 있는 헌책들.

책 향기가 가득한 곳

'두 명 이상이 모이면 줄을 서고, 아주 빠른 걸음으로 걸어다니며, 집에서 나올 때 가장 먼저 챙기는 것은 오이스터(런던의 교통카드), 하이힐을 넣은 에코백을 들고 정장 차림엔 운동화를 신고 대중교통을 이용해 출퇴근을 한다. 열차가 연착되어도, 러시아워에 사람이 몰려 오래 기다린 열차에 미처 오르지 못했어도, 갑자기 열차 운행 중단 방송이 들려와도 평온한 표정을 유지한다. 지하철 역의 NO EXIT(나가지 말라는 표시)는 좀더 빠른 길로 나가는 길이라는 것을 안다.' 언더그라운드에서 만난 런더너들을 조금은 과장해서 재미있게 묘사해놓은 몇 가지 행동이다. 여기에 하나 더 보태자면, 런던에 와서 가장 인상적이었던 사람들의 모습은 튜브에서 책을 읽는 것이었다. 특히 출퇴근 시간에는 튜브 안 많은 사람들이 책 혹은 역 입구에서 무료로 나누어주는 일간지를 읽고 있다. 환승역에서 사람들이 우르르 내리고 나면 자리에는 읽다 만 신문들이 그 자리를 대신하고 있고 다시 탄 사람들은 그걸 집어들어 읽기 시작한다. 『텔레그래프』에서 조사한 "런더너들은 왜 지하철에서 책을 읽나요?"라는 설문에 의외의 대답이 1등으로 채택되어 있는 것을 보았다. '다른 사람과 눈을 마주치기 싫어서'라니. 지극히 개인주의적인 성향이 강한 그들의 특징을 너무나 잘 표현하는 행동이 지하철에서의 독서였던 것일까. 여기에 하나 더 보태자면 지하철에서 가장 싫은 사람이 '크게 떠드는 사람'과 '내가 읽고 있는 책을 옆에서 보는 사람'이라고 하니 이쯤 되면 좀 웃음이 나기도 한다.

런던은 책을 사랑하는 도시임은 분명하다. 메릴본에는 스테인드글라스 창문과 앤티크 인테리어가 매력적이고 아름다운 서점 다운트 북스Daunt Books가 관광 명소로도 알려져 있고, 이곳의 컨버스 백은 꼭 사야 할 기념품으로 유명하다. 노팅힐에는 요리책만을 모아놓은 북스 포 쿡스Books for Cooks가 있는데 가게 안쪽 작은 카페 테스트 키친Test Kitchen에서 나는 맛있는 냄새는 "세계에서 제일 냄새가 좋은 숍"이라는 별명까지 얻었다. 이름에서 알 수 있듯이 서점에서 파는 요리책들의 레시피를 테스트하고 판매도 하는 맛있는 서점이다. 이 밖에도 워터스톤즈Waterstones나 포일스Foyles 같은 대형 체인서점이 곳곳에 있고 독립서점은 런던 시내에만 100군데가 넘는다고 한다. 헌책을 파는 숍이나 북마켓도 쉽게 찾아볼 수 있고 동네마다 하나씩 있는 도서관에서는 주민들이 언제든 책을 빌리거나 읽을 수 있고 독서 토론 등의 활발한 활동이 이루어지고 있다.

여행에서 보고 듣고 먹는 것 이외에 "오늘 뭐 하지?"란 물음에 책 읽기를 추가해보는 것은 어떨까. 지하철 안 무료함을 달래거나 두리번거리기 싫어서 책을 읽는다는 런더너들처럼 갑자기 만난 튜브의 연착 소식에 당황하지 않고 'Keep Calm & Carry on(침착하게 하던 일을 계속하라)'라는 슬로건 대신 'Keep Calm & Read a Book'을 실행해보자. 혹은 공원의 비어 있는 벤치가 독서의 욕망을 끌어낼지 모르니 어찌되었든 가방 속 책 한 권은 런던 여행의 필수품이다. 🍵

Dillon's Coffee

딜런스 커피

1 UCL 근처에 위치한 체인 서점 워터스톤즈.
2 보고 싶은 책을 편하게 읽을 수 있게 배려된 책장 앞 의자.
3 서점과 바로 연결된 카페 공간.

런던 중심부 블룸즈버리 지역에 주 캠퍼스가 위치한 유니버시티 칼리지 런던UCL, University College London은 영국인 성공회 남성만을 받아주던 케임브리지와 옥스퍼드와는 달리 중산층 학생은 물론 다양한 국적의 학생들에게 배움의 문을 열어준 곳이다. 종교와 사회 계급의 차별을 없애고 누구에게나 입학을 허용했던 이 학교는 1826년 설립 이후 지금까지 인본주의와 자유주의의 이념을 계승하고 있다.

가워 스트리트와 고든 스퀘어까지 걷다보면 근처의 건물 대부분에 UCL 마크가 붙어 있다. '런던 속의 대학 동네'답게 넓은 구역에 걸쳐 대학 특유의 분위기가 느껴진다. 중심 건물이 있는 캠퍼스는 외부인에게도 개방되어 런던 대학생들의 젊음과 캠퍼스의 낭만을 느끼기에도 좋다. 잔디밭에 앉아 점심을 해결하거나 계단에 앉아 이야기를 나누는 학생들 사이에 잠시 끼어보자.

학교 근처에 위치한 서점 워터스톤즈Waterstone's는 영국의 대형 체인 서점의 한 지점으로 위치 특성상 학술 서적을 가장 많이 보유하고 있다. 1956년 우나 딜런Una Dillon에 의해 작은 규모로 시작한 이 서점은 다섯 개의 층에 대략 13만 권의 서적을 보유한 대형 서점이 되었다. 다섯 개의 층 중 세 개의 층은 일반 서적들로, 두 개의 층은 분야별 전공 서적과 전문 서적들로 채워져 있다.

각층에 비치된 편안한 소파와 가워 스트리트가 보이는 창가에 마련된 의자는 보고 싶은 책을 골라 마음껏 볼 수 있게 해주는 고마운 배려이다. 여러 권 골라 옆에 두고 편안하게 읽다보면 마음에 드는 책 하나가 소장하고 싶어지니 서점의 배려가 통한 걸까?

밖으로 나오면 서점 책장 사이로 보이던 한구석의 카페 공간이 몸을 이끈다. 많이 치장하지 않은 심플한 나무 인테리어가 밝고 편안하다. 학교 교실에서 볼 수 있을 법한 학생 의자와 테이블이 은근하게 면학 분위기를 조성한다. 창가의 바 자리와 작은 테이블에는 혼자 앉아 책을 읽거나 노트북을 두고 무언가를 하는 이들이 보인다.

커피와 티 메뉴를 기본으로 스무디와 냉장고 안의 시원한 음료가 준비되어 있고 크루아상이나 스펀지케이크, 커피 등의 메뉴 구성은 수업과 수업 사이에 빠르고 간단한 티타임을 하기에 부족함이 없어 보인다.

수업이 끝나는 시간마다 금세 카운터 앞에 긴 줄이 늘어서서 북적북적 학생들의 열기로 가득찬다. 캐주얼한 차림에 배낭을 멘 학생들, 롱코트를 멋스럽게 입은 교수님으로 추정되는 노신사까지, 대학의 분위기를 가까이 느낄 수 있는 공간이다. ☕

82 Gower Street, London WC1E 6EQ
월·토 08:30~19:00 일 12:00~18:00

학교 교실에서 볼 수 있을 법한 학생 의자와 테이블이 면학 분위기까지 조성해준다.

London Review Cake Shop

런던 리뷰 케이크 숍

1 안쪽 가든에서 바라본 북숍의 모습.
2 공부차 스타일의 티세팅.
3 격주로 발행되는 도서 평론지 『런던 리뷰 오브 북스』.

영국의 저명한 도서 평론지 『런던 리뷰 오브 북스London Review of Books』는 책을 사랑하는 사람들이 만나서 이야기하고 좋은 차와 커피를 마시고 달콤한 케이크를 먹을 수 있는 장소를 만들어주고 싶어 서점과 카페가 한 공간에 있는 런던 리뷰 북숍을 열었다고 한다. 클래식한 문학 작품부터 현대의 새로운 소설과 시, 수필은 물론 역사, 정치 분야의 인문서와 요리책 같은 실용서, 어린이책까지 다양하고 좋은 책을 엄선해놓았다.

대형 체인 서점과는 확연히 다른 분위기의 차분하고 사랑스러운 서점은 선반 가득 자신들만의 기준으로 고른 책들로 채워놓겠다는 신념으로 가득차 있다. 자신감 있는 그들의 신념은 홈페이지나 격주로 발행되는 『런던 리뷰 오브 북스』 잡지를 통해 에세이 형식의 서평, 추천 도서 등으로 독자들에게 어필하며 많은 사랑을 받고 있다.

역사책들이 가득한 책장 사이의 좁은 통로를 통해 케이크 숍이 보인다. 좋은 책과 좋은 차가 함께하는 공간에서 티타임을 갖기 위해 카페로 들어가보자. 붙박이로 짜넣은 나무 벤치와 공용 테이블, 벽을 따라 설치해놓은 바 자리로 공간을 알차게 구성해놓아서 작은 공간이지만 많은 손님을 맞을 준비가 되어 있다. 사람이 모이는 시간에는 조용한 분위기라고는 할 수는 없지만 서점 특유의 차분한 분위기는 계속된다.

녹차, 플로럴 티, 우롱차, 백차 등 많은 종류의 티 메뉴를 보유하고 있다. 공부Gong fu차 스타일의 티세트에 정갈하게 준비되어 나온다. 대나무 트레이 위에 두 겹으로 된 유리컵, 찻잎이 담긴 티팟과 우려진 티를 옮겨 담는 유리 저그가 세트로 제공되고 여분의 뜨거운 물을 함께 내어준다. 중국식 정갈한 다도를 런던에서 경험하는 순간이다. 차와 어울리는 케이크와 샌드위치 메뉴도 준비되어 있으니 벽의 칠판이나 카운터의 쇼케이스에서 직접 보고 골라도 좋다. ☕

14 Bury Place, London, WC1A 2JL
월-토 10:00~18:30
020 7269 9045
www.londonreviewbookshop.co.uk/cake-shop

좋은 책과 좋은 차가 함께하는 공간.

1. 영국의 식사와 티타임의 종류

브렉퍼스트breakfast: 오전 7시~9시의 아침식사

일레븐시즈elevenses: 오전 11시의 아침 티타임

런치lunch: 12시~1시 30분의 점심식사('디너'라고도 부른다).

애프터눈 티afternoon tea: 3시 30분~5시의 오후 티타임

디너dinner: 6시 30분~8시의 저녁식사로 때로는 서퍼supper 혹은 티tea라고 부른다.

하이 티high tea: 노동자들이 오후 5시~7시에 이른 저녁식사로 즐기던 것으로, 식사와 함께 티를 곁들여 먹었다.

디너파티dinner party: 격식을 차린 손님 초대용 저녁식사로, 보통 고기와 감자 등의 야채를 곁들인 메인 메뉴와 디저트(간혹 디저트를 '푸딩pudding'이라고 부른다)를 준비한다.

2. 애프터눈 티의 종류와 구성

• 트래디셔널 애프터눈 티traditional afternoon tea: 다양한 샌드위치와 케이크와 디저트, 클로티드크림과 잼을 곁들인 따뜻한 스콘, 선택한 티

• 크림티cream tea: 두개의 스콘, 클로티드크림과 잼, 티가 제공되는 간단한 티 세트. 따로 메뉴에 적혀 있지 않아도 트래디셔널 애프터눈 티를 제공하는 티룸이나 카페에서는 크림티 주문이 가능한 경우가 많다. 양이 많은 트래디셔널 애프터눈 티가 부담스러울 때 주문해보자.

• 샴페인 애프터눈 티champagne afternoon tea: 트래디셔널 애프터눈 티에 샴페인 한 잔씩이 제공되는 메뉴로 추가 요금이 붙는다.

3. 티푸드의 종류

• 샌드위치sandwich: 1762년 영국의 샌드위치 4대 백작 존 몬터규John Montagu는 식사를 거를 정도로 게임에 열중하던 중 로스트비프를 두 개의 빵 사이에 끼워서 가져다달라고 요청했는데, 손이 더러워지지 않고 게임에도 방해되지 않아 좋아했다고 한다. 이것이 샌드위

치의 시작이다. 샌드위치는 영국인들이 점심에 애용하는 메뉴로 칩스 Chips, 감자튀김와 함께 세트로 많이 판매한다. 트래디셔널 애프터눈 티에서 빠질 수 없는 티푸드이다. 오이 샌드위치, 에그 마요네즈 샌드위치, 치킨 샌드위치, 크림을 곁들인 연어 샌드위치, 햄 앤 머스터드 샌드위치, 로스트비프 샌드위치 등 다양한 종류와 레시피가 있다.

• 스콘 scone: 밀가루와 버터, 우유, 설탕 반죽에 베이킹파우더를 넣어 부풀려 만든 영국의 대표 간식. 언제 어디서부터 만들어져 먹기 시작했는지는 많은 설이 있지만, 오븐이 없던 시절 스코틀랜드에서 귀리를 주재료로 그리들 griddle 에 납작하게 만들어 구워먹었던 것을 기원으로 보는 사람이 많다. 19세기 중반 베이킹파우더와 베이킹소다가 등장하면서 잘 부푼 두툼한 크기의 스콘을 먹을 수 있었고 오븐이 대중적으로 보급되고 귀리 대신 밀가루를 반죽에 사용하면서 지금과 비슷한 식감을 갖게 되었다. 일반 스콘에 재료를 달리해서 건포도 등의 건과일을 넣은 설타나 스콘, 치즈를 넣은 치즈 스콘 등도 있다.

• 클로티드크림 clotted cream : 우유에 열을 가했다가 천천히 식히는 동안 얻은 표면의 덩어리 부분으로 만든 크림. 만들어진 지역의 이름을 붙여 '데번셔 Devonshire 크림' 혹은 '코니시 Cornish 크림'이라고도 불린다. 아이스크림처럼 부드럽고 진한 우유의 풍미가 스콘의 담백한 맛과 잘 어울린다. 데번셔 지역에서는 스콘을 반으로 잘라 클로티드크림을 먼저 바른 다음 잼을 얹어 먹고 콘월 지방에서는 잼을 스콘에 먼저 바르고 크림을 얹어 먹는 차이가 있다.

• 케이크와 페이스트리 cakes and pastries : 단것을 좋아한 빅토리아 여왕을 위해 만들었던 잘 부푼 스펀지 시트 사이에 라즈베리 잼과 크림을 발라 만든 빅토리아 샌드위치 케이크를 비롯해 캐롯 케이크, 레몬 드리즐 lemon drizzle 케이크, 건과일과 아몬드가 들어간 던디 dundee 케이크 등의 묵직한 영국식 케이크와 초콜릿 케이크, 마카롱, 컵케이크, 타르트 등의 달콤한 디저트가 티룸에 따라 다양하게 제공된다.

chapter 04

쇼핑과 함께
즐기는 티

친근한 로컬 마켓

백화점&브랜드 카페

66

현지인들에겐 일상인 그곳에서
낡았지만 스토리가 있는 물건을 구경하며 보내는 하루.

99

친근한 로컬 마켓

십여 년 전, 오후 강의가 다 취소된 뜻밖의 휴일이었다. 집으로 돌아와 홀가분한 마음으로 소파에 누워 TV를 켰는데, 에너지 넘치는 모습으로 시장에서 장을 보고 스쿠터를 타고 런던 시내를 달려 현관문을 열고 계단을 뛰어올라가 바로 요리를 하던 낯선 외국인 청년을 처음 만났다. 얌전한 말투에 정갈한 모습의 요리 선생님들이 조곤조곤 요리를 가르쳐주던 당시의 우리나라 요리 프로그램에 비하면 시장에서 사온 재료를 포장을 뜯자마자 씻지도 않고 투박하게 썰어 팬에 넣던 모습은 그야말로 문화 충격이었다. 청년의 이름은 제이미 올리버였다.

영국의 요리사 제이미 올리버는 지금까지도 대표적인 유명 셰프로서 큰 활약을 펼치고 있다. 레스토랑 운영은 물론이고, 매년 쉽게 따라 할 수 있는 주제로 요리 프로그램을 만들고 책을 발매하고, 냉동식품이나 고칼로리 음식 대신 신선한 로컬 푸드로 만든 건강한 음식을 아이들에게 제공하는 학교 급식 프로젝트 등의 사회활동까지 영역을 넓혀가고 있다.

그가 상인들과 즐거운 대화를 나누며 신선한 재료를 사던 곳이 런던의 버러 마켓이라는 것을 알게 되었고, 언젠가 런던에 가게 된다면 꼭 제이미의 마켓을 가보리라 마음속에 적어놓았었다.

영국에서 다시 보게 된 새 요리 프로그램 〈제이미의 30분 레시피〉. 타국에서 TV를 통해 다시 만난 그는 아는 사람같이 반가웠다. 프로그램을 보면서 도전 정신이 생겨 쉽게 만들 수 있다고 강요 아닌 강요를 하는 그의 설명을 듣고 따라 해보기로 마음을 먹었다. 닭은 우유에 재워놓았다가 팬으로 옮겨 허브를 곁들여 같이 구워주고 껍질이 밑으로 가야 바삭바삭해진다는 말을 그대로 실행한다. 굽는 동안에는 재빨리 사이드 야채를 준비한다. 감자와 브로콜리 등을 전자레인지에 데워 그릇에 담고 구워진 치킨을 옮겨 담아 선데이 로스트를 즐겨본다. 그는 분명히 디저트 메뉴까지 해내는 데 30분 걸렸는데 나는 왜 한 시간이 넘게 걸릴까? 정말 가능하긴 한 거냐고 메일이라도 보내고 싶은 심정이었다.

TV에서만 보던 곳을 마음만 먹으면 지하철을 타고 갈수 있게 된 지금도, 내 머릿속에서 버러 마켓은 여전히 제이미 올리버가 다니는 로망의 마켓으로 남아 있다. 특별한 날 혹은 특별한 손님이 오기 전에 버러 마켓에 가서 장을 보는 것도 십여 년 전 생긴 로망의 흔적이다. 🍵

Monmouth Coffee

몬머스 커피

1 런던에서 가장 맛있는 커피라는 수식어를 가진 몬머스 커피.
2 다양한 식재료와 음식을 파는 런던의 재래시장.
3 이른 아침부터 문닫는 시간까지 붐비는 카페.

제이미 올리버뿐 아니라 런던의 여러 유명 셰프와 요리 애호가가 찾아오는 마켓인 만큼 버러 마켓에서는 질 좋은 식재료들을 판매하고 있다. 그래서일까? 코끝을 찌르는 쿠린 치즈 냄새나, 조금은 무서운 정육 코너, 바다 냄새 가득한 해산물 코너 앞을 지날 때면 나도 이곳에서 산 재료들로 셰프처럼 근사한 요리를 만들 수 있을 것만 같은 환상을 갖게 된다.

점심시간엔 연기를 뿜으며 구워지는 소시지, 한창 볶고 있는 타이 누들, 진한 냄새를 풍기는 인디언 카레, 그릴에서 구워낸 두툼한 패티의 햄버거, 스페인 볶음밥 등 다양한 나라의 다양한 먹을거리 덕에 행복한 고민을 하게 된다. 시장에서 파는 것이 어색할 만큼 정교한 마카롱을 비롯해 사지 않고 못 배기는 진한 초콜릿 브라우니 등 디저트까지 안에서 해결 가능한 그야말로 풀코스 마켓이다. 런던의 재래시장 안에서 북적북적한 사람들에 치여가며 서서 먹는 재미도 놓칠 수 없다. 올리브유에 찍어 먹는 빵, 잘게 썰어준 살라미, 와인 한 잔이 간절해지는 치즈까지, 인심 좋은 시식 코너만 돌아도 배가 부르다. 그리고 혹시 제이미 올리버가 장을 보러 오지 않았을까 하고 괜히 설레기도!

마켓에서 눈과 배를 채웠으면 버러 마켓 안쪽 미들로드Middle Road 를 따라가자. 반대쪽 코너에 '런던에서 가장 맛있는 커피'를 판다는 몬머스 커피가 보인다. 마켓 안에 있는 수많은 먹을거리를 즐기면서도 커피만큼은 꼭 먹지 말고 아껴둬야 할 이유가 이곳에 있다.

이른 아침부터 점심시간, 문을 닫는 시간까지 카페 안을 가득 채운 사람들, 주변에 컵 하나씩을 들고 커피를 마시고 있는 사람들, 그리고 길게 늘어선 줄이 '런던에서 가장 맛있는 커피'라는 거창한 수식어가 거짓이 아님을 증명해준다.

혼잡한 손님들의 주문 속에서도 능숙하게 커피를 내리는 바리스타들을 보다보면 내 차례가 금방 오니, 줄이 길어도 인내심을 갖고 맛있는 커피를 맛볼 준비를 하자. 라테나 카푸치노를 주문하면 아주 곱게 거품을 낸 고소한 우유의 느낌이 부드럽게 느껴지고 바로 이어서 진하고 아주 리치한 커피 맛이 뒤따라 느껴진다. 단맛의 커피를 좋아한다면 테이블 위의 설탕 한 스푼을 크게 떠넣어 저어 마셔보자. 설탕마저 맛있어서 커피 맛을 해치지 않는 곳이다! ☕

2 Park Street, The Borough, London, SE1 9AB
월-토 07:30~18:00
020 7232 3010
www.monmouthcoffee.co.uk

능숙하게 커피를 내리는 바리스타.

Cake Hole Cafe at Vintage Heaven

빈티지 헤븐의 케이크 홀 카페

1 꽃을 사랑하는 사람들이 만들어내는 에너지가 가득한 꽃시장.
2 꽃패턴의 액자와 거울장식의 카페 벽면.
3 믹스 매치된 빈티지 티웨어에 제공되는 버러 마켓에서 사온다는 스콘.

낯선 여행지, 꽃 한 송이 사서 침대 옆에 놓아두는 건 어떨까. 아침
에 눈을 떴을 때. 체력이 바닥날 만큼 꽉 찬 하루를 보내고 숙소로
들어왔을 때 꽃을 보면 마음이 한결 편해지고 여행은 훨씬 풍요로
워질 것이 분명하다. 일요일의 런던이라면, 콜럼비아 로드 플라워
마켓에 들러 여행중의 꽃 사기 미션을 꼭 완성시켜보자. 꽃을 산 후
티타임까지 완성시켜 꽃처럼 아름다운 시간을 보내길!

콜럼비아 로드 플라워 마켓에 가는 길. 거리에 들어서니 손 한아
름 꽃을 들고 나오는 사람들과 마주친다. 커다란 화분을 두 팔에 안
고 나오는 사람, 각자 꽃 한 다발을 안고 웃으며 이야기 나누는 커
플, 에코백 가득 꽃을 담고 나오는 아주머니들, 아직 꽃시장에 도착
하기 전이지만 행복해 보이는 그들의 모습에 나의 하루도 행복하게
시작된다.

마켓에 가까워질 때쯤 꽃을 파는 아저씨들의 고함소리, 특히 5파
운드를 강조하는 특이한 사투리 악센트의 "파이바Fiver" 소리가 들
려와 꽃시장의 활기찬 기운을 돋운다. 양쪽에 꽃들이 가득 쌓여 있
는 좌판 사이의 좁은 길을 비집고 들어가 마음에 드는 꽃을 발견하
면 손을 쭉 뻗어 돈을 주고 포장된 꽃을 받아든다. 길지 않은 플라
워 마켓의 끝에 다다르면 가든숍, 리빙숍 등 다양한 볼거리를 제공
하는 아기자기한 숍들이 있다.

꽃이 가득한 길에서 에즈라 스트리트Ezra Street 골목으로 방향을 바꾸면 먹거리를 파는 간이카페와 빈티지 제품들을 파는 작은 마켓들이 풍경이 펼쳐진다. 활짝 피어 향기 좋은 꽃을 눈과 코로 즐기고 재미있는 골목까지 둘러보고 나면 일요일의 오전이 아주 풍성해진다.

길거리 연주자들의 흥겨운 연주와 노랫소리는 마켓의 분위기를 고조시킨다. 간이매점에서 커피와 간식거리를 사서 길가에 앉아 연주를 들어보자. 한 주의 시작을 완벽하게 열 수 있다. 꼭 꽃을 사지 않아도 눈에 가득 담아온 꽃들 덕분에 기분이 좋아진다.

플라워 마켓 초입에 있는 빈티지 그릇 숍. '빈티지 헤븐'이라는 이름답게 가게 앞 도로의 좌판부터 안쪽 그릇장까지 빈티지 그릇들로 가득 채워져 있다. 물건을 구경하다보니 안쪽에 티룸을 겸하고 있는 것이 보인다. 케이크 홀카페로 들어가보자.

수를 놓아 만든 꽃 패턴의 액자 장식과 여러 모양의 거울들이 벽돌로 된 벽 한 면을 멋스럽게 장식하고 있다. 빈티지 가구와 선반 위의 티팟, 장식품들이 과하지 않게 편안한 분위기를 유지하고 있다. 애플 블루베리 케이크나 플럼 아몬드 케이크는 집에서 구운 듯 소박하고 정겨운 맛이 난다. 테이블웨어는 어느 하나 짝이 맞는 것이 없는 빈티지의 믹스매치의 정수를 보여주며 사랑스러운 테이블을

만들어준다. 보로우 마켓에서 사온다는 잼을 곁들인 스콘과 함께
즐기는 크림티도 일요일 오후를 행복하게 만들어준다. ☕

82 Columbia Rd, London, E2 7QB
토 12:00~18:00 일 08:30~17:00
012 7721 5968
www.vintageheaven.co.uk

66

여자들의 쇼핑시간은
쇼핑 전과 쇼핑 후의 티타임에서도 이어진다.

99

백화점&브랜드 카페

런던에는 가장 오래된 백화점인 리버티부터 백화점 자체가 도시의 랜드마크라고 할 수 있는 해롯 백화점, 영국 전역에 지점을 갖고 있는 존 루이스, 파격적인 디스플레이로 눈길을 끄는 셀프리지, 홍차 전문 백화점인 포트넘 앤 메이슨까지 각기 다른 역사와 전통을 가진 백화점들이 있다. 특히 옥스퍼드 스트리트나 해롯 백화점 앞에서는 도로 위 고가의 자동차 안에서 기사가 대기하고 있다가 양손 가득 쇼핑백을 들고 나오는 여인을 맞이하는 모습을 심심치 않게 볼 수 있다. 바로 "오일 머니"라 불리는 중동의 부호들이다. 검은색 차도르로 머리부터 발끝까지 몸을 가리고 있는 그녀들이 도대체 어떤 물건을 쇼핑할지 궁금해진다. 그들 덕분이라고 해야 할까? 런던의 백화점에서는 어마어마한 가격표가 붙어 있는 물건들을 구경할 수 있다.

벌링턴 아케이드Burlington Arcade는 벌링턴 하우스, 즉 지금의 로열 아카데미 건물의 주인이었던 조지 캐번디시 경에 의해 1819년 설립되었다. 이곳은 1830년에 귀족들의 쇼핑 공간이 되었고, 1936년 런던 대화재로 손실되었다가 1950년에 되살려 다시 예전의 고급스러운 모습을 되찾았다. 아케이드에 들어서면 옛 19세기 런던으로 타임머신을 타고 들어선 것만 같은 기분이 든다. 영국의 유명 향수 브랜드 펜할리곤스Penhaligon's 매장과 명품 수제화 브랜드 처칠Churchill 숍을 비롯해서 빈티지 롤렉스Vintage Rolex, 캐시미어 숍까지 이곳과 어울리는 클래식한 아이템들이 가득하다. 윈도를 통해 구경만 해도 눈이 즐거워지는 우아한 쇼핑 공간이다. 전통 복장으로 아케이드 입구를 지키고 있는 자체 경찰, 비들Beadle은 영국답다는 느낌의 정점을 찍는다.

물건을 사지 않아도 '눈으로 보는 재미'를 더 즐기는 '윈도쇼핑족' 혹은 쇼핑할 시간이 모자라 먹는 시간도 아깝다는 쇼퍼홀릭 등 누구라도 만족시킬 수 있는 런던의 쇼핑 공간. 기부금 모금을 위한 채리티숍부터 고급 백화점, 옛 런던의 쇼핑 모습이 남아 있는 아케이드와 현재의 명품 거리 뉴본드 스트리트까지 런던의 다양한 쇼핑 공간을 마음껏 즐겨보자. 더불어 쇼핑 공간의 특색을 살린 감각적인 카페까지 같이 즐길 수 있다.

여자들의 쇼핑 시간은 쇼핑 전과 쇼핑 후의 티타임에서도 이어진다. 무엇을 살지, 아까 보고 사지 않은 것이 아깝지는 않은지, 내가 산 것은 나를 100% 만족시키는지, 진지한 쇼핑 회의는 계속된다. 중요한 회의는 멀리 가지 말고 쇼핑 공간 안에서 티타임과 함께 해결하자. 우리들의 변덕은 언제 찾아올지 모르니까. 🍵

The Tea Room

더 티룸

1 하루에 다 구경하기 힘든 크기의 영국의 대표 럭셔리 백화점으로 불리는 해롯.
2 크림티 메뉴인 더 첼시. 3 버터와 치킨의 풍미가 조화로운 치킨 샌드위치.
4 백화점 안의 호텔식 서비스와 클래식한 분위기의 티룸.

해가 진 후 런던은 어둠 속에 서서히 모습을 감추기 시작한다. 특히 낮이 짧은 겨울에 그 시간은 빨리 다가온다. 하지만 밤이 될수록 더욱 반짝반짝 빛나며 화려해지는 곳이 있다. 바로 해롯 백화점. 깜깜한 밤이 백화점 외관의 라이트 장식을 더욱 빛나게 해준다. 백화점 안으로 들어서면 내부 인테리어의 화려함에 눈을 뗄 수 없다. 고급 식재료를 판매하는 식료품 코너부터 명품관, 홈웨어, 리빙관 등 하루에 다 보기도 힘들 만큼 많은 물건들이 고객을 유혹한다.

고가의 제품을 살 생각으로 방문한 것이 아니라면 세컨드 플로어의 기프트숍으로 과감히 발길을 돌리자. 해롯만의 고급스러운 이미지가 담긴 선물부터 귀여운 디자인의 제품들까지 백화점의 이미지를 손에 넣어가기에 훌륭한 곳이다. 물론 가격 또한!

같은 층의 더 티룸은 밝고 클래식한 분위기로 영국식 메뉴들과 질 좋은 티 메뉴를 보유한 곳이다. 반짝이는 실버웨어와 해롯 로고가 찍힌 플레이트, 호텔 서비스에 뒤지지 않는 친절함이 돋보인다.

풀 잉글리시 브렉퍼스트Full English Breakfast, 피시 파이Fish pie 등 전통 영국 메뉴를 비롯해서 재료 맛이 살아 있는 샌드위치, 고소한 스콘이 대표 메뉴이다. 티룸 입구에 전시된 예쁜 케이크 중에 마음에 드는 것을 골라도 좋다. 보통 크림티라 불리는 스콘과 홍차 조합으로 된 메뉴는 더 첼시The Chelsea, 샌드위치와 스콘, 디저트가

3단 트레이에 서브되는 전통적인 애프터눈 티는 더 웨지우드The Wedgewood로 아주 영국적인 이름이 달려 있는 것이 특징이다. 물론 단품 메뉴로도 주문이 가능하다. 메뉴의 재료 설명을 잘 읽어보자. 치킨 샌드위치와 스콘으로 쇼핑 후의 허전한 뱃속을 채워본다. 기본 메뉴 세팅에도 신경을 써주는 모습이다. 부드러운 빵과 아삭한 양상추, 고소한 마요네즈와 버터의 풍미에 쫀득한 치킨이 씹히는 샌드위치를 먹고 티 한 모금을 마시고 스콘에 잼을 종류별로 발라 한입씩 먹어본다. ☕

2nd Floor, 87 Brompton Road, London, SW1X 7XL
월-토 10:00~21:00 일 11:30~18:00
020 7730 1234(예약 불가)

········· **Find out more!** ·········

그라운드 플로어의 해롯 푸드 홀에서 판매하는 다양한 맛의 티 메뉴를 티룸에서도 똑같이 선보이고 있다. 시음 후 마음에 들면 백화점 내에서 편하게 구입할 수 있다.

밤이면 더 화려하고 아름다운 곳.

Cafe Liberty

카페 리버티

1 튜더 왕조 시대 건축양식으로 지어진 영국에서 가장 오래된 백화점.
2 맛있다고 정평이 나있는 카페 리버티의 스콘 3 리버티의 대표 상품과도 같은 리버티 패브릭.
4 같은 공간 안에서 시즌별로 달라지는 장식으로 재미를 주는 카페 리버티.

걸으면 바닥에서 삐걱삐걱 나무 소리가 들리고, 좁은 나선형 계단에서 사람들은 서로를 방해하지 않으려 조심조심 오르락내리락한다. 영국에서 제일 오래된 백화점이라는 타이틀을 가진 140년이 넘는 역사의 리버티 백화점 이야기다. 에스컬레이터로 편하게 층간 이동이 가능한 요즘의 백화점과는 너무나 다른 모습이지만 오래되고 아날로그적인 것이 이곳의 가장 큰 매력이다. 고성 같은 고풍스러운 외관과 예전 분위기를 그대로 유지한 인테리어. 헨리 7세에서 엘리자베스 1세의 제위 시기(튜더 왕조)에 성행했던 건축양식을 재현한 건축물은 리버티만의 분위기를 내는 바탕이 되고 있다.

제일 높은 층까지 오픈되어 있는 천장과 목조 그대로 노출된 기둥과 벽장식, 방처럼 나뉘어 있는 숍들은 문턱이나 벽난로의 흔적까지 잘 살려 마치 저택 내부를 구경하는 느낌도 든다. 은은하면서 고급스러운 패턴의 리버티 원단은 리버티가 처음 문을 열었을 때부터 지금까지 사랑받고 있는 아이템으로, 일본과 우리나라에서도 인기가 많다. 작은 규모의 백화점이지만, 그렇기 때문에 엄선된 상품들을 선보이는 면에서 뛰어나다. 5파운드짜리 초콜릿에서 1000파운드짜리 드레스. 2000년 된 귀걸이와 2000년대의 신상품이 공존한다. 세계 각국을 여행하면서 가지고 온 소품들과 카펫을 진열해놓은 층은 흡사 박물관 같은 분위기마저 느껴진다.

알렉사 청을 비롯한 영국의 유명인사들도 자주 찾는 곳이자 올드&
뉴가 적당히 매치되어 있는 것이 매력인 이 백화점의 세컨드 플로
어, 리버티의 매력을 그대로 옮겨놓은 카페 리버티가 있다. 첫인상
은 조금 밋밋할지도 모르나 앉아서 주변을 살펴볼수록 매력이 천천
히 느껴지는 공간이다. 나뭇잎 패턴의 경쾌한 포인트 벽지와 그릇
장을 채우고 있는 예쁜 패턴으로 된 패키지의 틴케이, 티팟과 케
이크 스탠드 위의 디저트, 벽에 접시를 걸어 장식한 데코 등이 가
정집의 다이닝 룸 같은 따뜻함을 준다. 포인트 벽지도 가끔씩 바
꾸어 자주 찾는 단골손님들에게도 신선한 변화를 선사한다.

진한 색 나무 테이블과 대리석 원형 테이블이 섞여 있고 곡선의 나
무 의자가 클래식하다. 자칫 지루할 수 있는 분위기에 테이블 위의
버얼리 테이블웨어로 재미를 더해준다. 백화점 내의 그릇 코너에서
도 판매하고 있는 버얼리의 상품과 단종된 빈티지 제품이 섞여 뻔
하지 않은 리버티의 매력을 지켜내고 있다. 스콘이 맛있다고 정평
이 나 있는 곳이니 홍차와 함께 크림티로 즐겨보자. ☕

2nd Floor, Regent Street, London W1B 5AH
월-토 10:00~18:00 (애프터눈 티 15:00~18:00)
일 12:00~17:00 (애프터눈 티 12:00~17:00)
www.liberty.co.uk/BarsandRestaurants/article/fcp-content

올드 앤 뉴가 적절히 공존하는 리버티와 어울리는 티웨어들.

The Tea Terrace

더 티 테라스

1 유리돔 안의 영국식 케이크들.
2 플라워 패턴의 로열 앨버트 테이블웨어.
3 디즈니 동화 속 공주의 의자로 나올 법한 여성스럽고 과장된 디테일의 의자.

옥스퍼드 서커스에서 마블 아치Marble Arch역 사이, 런던의 큰 쇼핑 거리 중 하나인 옥스퍼드 스트리트에는 백화점만 네 곳이 있다. "국민 백화점"이라 불리는 존 루이스John Lewis와 데번햄스Debenhams, 셀프리지Selfridges, 그리고 한 곳이 더 있는데 바로 하우스 오브 프레이저House of Fraser이다. 다른 백화점에 비해 서민적인 분위기이지만 디자이너 제품 세일의 기회가 틈틈이 있고 특히 아동복 코너가 알차서 아이를 둔 엄마들이나 실속파 쇼핑족에게 추천하는 백화점이다. 이 밖에도 하우스 오브 프레이저를 찾아야 하는 한 가지 확실한 이유가 있다. 바로 너무나 사랑스러운 티룸이 그 안에 숨어 있기 때문이다!

꽃무늬를 좋아한다? 파스텔컬러를 좋아한다? 여성스러운 취향으로 소문나 있다? 세 가지를 모두 선택한 독자라면, 아니 이중 한 가지만이라도 선택한 분이라면 꼭 이곳을 방문해보기를 강력하게 추천한다. 백화점 하우스 오브 프레이저 꼭대기 5층의 안쪽 깊은 곳. 사랑스러운 느낌의 파스텔컬러가 주를 이루고 오래전 우리나라에서 유행하던 공주 카페를 연상시키듯 여성스러운 디테일의 의자와 벽 장식, 거기에 꽃무늬 테이블웨어가 가득한 더 티 테라스가 당신을 기다리고 있다. 영국의 유명 도자기 회사인 로열 앨버트의 제품들에 차려지는데, 한쪽에서는 식기들을 판매하고 있으니 마음에 드는 컵이나 플레이트를 써보고 충분히 생각한 후 구매해도 좋다. 화려하면서도 귀여운 패턴의 테이블웨어가 여자들의 시간을 사랑스럽게 장식해준다. 부담스럽지 않은 양의 1인용 애프터눈 티 세트가 영국식 티타임을 즐기기에 안성맞춤이다. 티푸드 외에도 영국식 식사 메뉴도 가능하니 기분 따라 입맛 따라 즐겨보자. ☕

5th Floor, 318 Oxford Street, London, W1C 1HF
월-토 09:30~22:00 일 11:30~18:30
084 4800 3752
theteaterrace.com

파스텔컬러의 조화가 여성스러운 공간.

버버리의 정신을 옮겨놓은 곳

Thomas's at Burberry

버버리의 토머스

1 손님을 기다리는 잘 정돈된 테이블. 2 부드러운 커스터드 타르트 등의 디저트메뉴도 인기.
3 스콘의 따뜻함을 유지시켜주는 면주머니. 4 버버리 매장과 바로 연결된 카페.

리젠트 스트리트를 걷다보면 견고하고 화려한 외관으로 리뉴얼 된 버버리 플래그십 스토어, 121 리젠트 스트리트 플래그십이 멀리서도 눈에 들어온다. 헤리티지Heritage, 즉 전통의 이미지를 그대로 살린 곳곳의 시설물과 '디지털 버버리 월드'라는 주제로 첨단 IT 기술을 배치해, 전통과 현대의 적절한 조화를 이루는 현재 영국의 이미지를 그대로 살려놓은 곳이다. 버버리 상품을 팔기 위한 단순한 매장이 아닌 영국의 이미지 속에 버버리를 진열해놓은 '버버리 박물관' 같은 느낌이다. 그 안의 카페 또한 버버리의 정신을 살려놓았다.

카페 공간은 그라운드 플로어 안쪽부터 퍼스트 플로어까지 이어져 있다. 버버리의 상품들이 곳곳에 진열되어 있어 카페 의자에 앉은 채로 구경하는 재미가 있다. 선물 포장 공간과 버버리 문구류를 파는 공간 옆으로 블랙 앤 화이트의 심플하고 세련된 카페 공간이 있다. 버버리 패키지와 어울리는 베이지 컬러의 테이블 매트와 메뉴가 브랜드 이미지를 섬세하게 반영했다. 메뉴의 폰트까지 버버리 로고의 그것과 같아 메뉴만 살펴보아도 브랜드 아이덴티티가 느껴진다. 버버리 창립자 토머스 버버리의 이름을 딴 카페 이름에서 볼 수 있듯 버버리의 정신을 그대로 옮겨놓은 카페다.

몬머스 커피를 제공하는 것도 눈에 띈다. 따끈한 스콘은 브라운 컬러의 면주머니에 담겨 서브된다. 베이지 컬러의 도자기와 어우러져 아주 편안하고 자연스러운 느낌을 준다. 티팟의 물을 계속해서 끊이지 않게 채워주는 배려가 센스 있다. 스콘과 함께 나오는 로즈버드 잼도 은은한 향으로 스콘과 잘 어울린다. 창밖의 거리와 한쪽에 놓인 상품들을 구경하느라 눈이 아주 바쁜 공간이다. 맛있는 티푸드 덕분에 입도 바빠진다. ☕

5 Vigo Street, London, W1S 3HA
월-금 08:00~20:00 토 09:00~20:00 일 11:30~17:00
020 3159 1410
uk.burberry.com/stores/thomass-cafe

브랜드 아이덴티티가 느껴지는 메뉴와 테이블 매트.

Toms Roasting Co.

탐스 로스팅 컴퍼니

1 우리가 마신 커피가 누군가에게 깨끗한 물로 전달된다는 의미가 담긴 벽화.
2 진한 아메리카노와 미니 로고컵에 담긴 우유.
3 밝게 빛나는 전구들이 내려와 있어 멋스러운 창가의 바 테이블.

블레이크 마이코스키Blake Mycoskie 는 아르헨티나 여행을 하던 중 더럽고 거친 땅 위의 위험에 그대로 노출된 맨발의 아이들을 보았다. 그는 지속적으로 그들에게 편안한 신발을 공급해줄 수 있는 방법을 고민하던 끝에 아르헨티나 전통 신발에서 착안한 고무 밑창에 캔버스 천으로 감싼 심플한 디자인의 신발을 판매하기 시작해 신발한 켤레가 팔릴 때마다 신발이 필요한 아이들에게 새 신발 한 켤레를 주기로 한다. '내일을 위한 신발Shoes for Tomorrow'이라는 뜻의 사회적 기업, 탐스의 One For One 전략 이야기다.

처음 그들의 목표는 '몇 백 켤레'에 불과했지만, 1년 사이에 6만 켤레가 판매되었다. 그의 선한 마음이 전해진 것인지 해외 셀러브리티들이 탐스 신발을 신었고 뉴욕의 패션 잡지 『보그』에 소개되면서 판매량이 급증했다.

이 작은 사회적 기업은 지금은 그 어느 브랜드에 뒤쳐지지 않는 컬렉션을 선보이는 디자이너 브랜드가 되었다. 탐스의 선행은 신발에서, 아이웨어, 가방을 넘어 커피까지 이어졌다. 탐스 플래그십 스토어에서 커피 원두 한 봉지를 팔면 물이 부족한 국가의 시민들에게 일주일치의 깨끗한 물이 제공된다고 한다.

리버티 백화점 뒷골목으로 발걸음을 옮겨 들어서면 아르헨티나 국기를 닮은 밝은 스카이 블루와 화이트 컬러 조합의 동그란 간판이 눈에 들어온다. 입구에 들어서면 오른편에 작은 커피 바가 보인다. 창가를 바라보는 바 자리와 숍 안쪽 코너에 테이블 자리가 있다. 카페라기보다는 숍 안에 간신히 자리를 내어준 간이 코너 같은 모습이지만 앉아 있으면 자유로움이 느껴진다. 캐주얼한 제품들을 파는 특유의 젊은 분위기와 밝은 음악 덕분일 수도 있겠다.

시나몬 가루를 뿌린 차이 라테가 부드럽다. 아메리카노를 주문하면 탐스 로고의 페이퍼 컵에 담긴 우유를 곁들여 내준다. 카페 자리와 숍의 경계가 거의 없어서 진열되어 있는 물건들을 구경하기 편하다. 한쪽 모니터에서는 봉사를 떠난 사람들의 모습이 나온다. 편안함을 주는 탐스의 신발과도 많이 닮아 있는 공간. 신발과 아이웨어, 가방, 그리고 커피까지 이어지는 이 사회적 기업의 아이디어와 선행은 어디까지일까. ☕

5-7 Foubert's Place, London W1F 7PY
월-금 10:00~19:00 토 10:00~18:00 일 12:00~18:00
020 3318 9693
www.toms.co.uk/toms-stores

작은 선행을 베풀 수 있는 곳.

영국 차 문화의 시작은 포르투갈의 캐서린 브라간사Catherine of Braganza가 1662년 영국의 찰스 2세와 혼인하면서 선물로 인도의 봄베이(지금의 뭄바이) 땅과 티 문화를 들여오면서부터이다. 처음에는 비싼 세금과 가격 덕분에 열쇠가 달린 보관함에 차를 보관할 정도였는데, 점차 가격이 싸지면서 각 가정에 티팟과 찻잔이 보급되었다.

와인처럼 찻잎의 재배에도 토지의 환경이 아주 중요한 요소이며 언제 어디서 수확하느냐에 따라 등급이 결정된다. 찻잎이 잘 자라기 위해서는 섭씨 10~27도 사이의 온도와 2.25미터의 연 강수량과 300~2000미터의 고도가 필요하다. 약간의 산성 토양과 배수시설도 중요한 포인트로, 전 세계 차 산업의 중심에 있는 곳은 이러한 환경 조건을 아주 잘 갖추고 있다. 인도는 홍차, 스리랑카는 실론차와 홍차, 일본은 녹차, 중국은 녹차와 우롱차의 주요 생산국이다.

• 홍차black tea: 수확한 찻잎을 넓게 펴서 아주 따뜻한 환경에서 잎을 말리고 손으로 비벼 효소의 활동을 촉진시키고 부패를 막기 위해 열을 가해 잎이 더 발효(산화)되어 검은색으로 변하면 홍차로 분류한다. 발효가 80% 이상 된 발효차이다. 동양에서는 찻잎을 우려낸 수색이 붉어 '홍차'라 부르고 서양에서는 찻잎이 검어서 '블랙티'라 부른다.

• 우롱차oolong tea: '우롱烏龍차'는 까마귀 또는 검은색의 용처럼 생긴 차라는 뜻이다. 반半 발효차로서 홍차보다 짧은 시간의 발효 시간을 거친다. 큰 잎으로부터 우러난 맑은 물빛과 섬세한 맛은 토양과 높은 고도, 공정 과정의 특별한 관리로부터 나온다.

• 녹차green tea: 수확하자마자 발효 과정을 거치치 않는 대신, 스팀을 쐬어주거나 볶아주는 과정을 찻잎이 완전히 마를 때까지 반복한다.

• 백차white tea: 최소한의 공정을 거친, 발효되지 않은 차다. 찻잎에 새 꽃이 피기 전이나 처음 난 어린잎을 사용하는 것이 특징이다.

홍차는 크게 스트레이트 티, 블랜디드 티, 플레이버리 티로 나눈다. 아무것도 섞지 않은 원산지 한곳의 찻잎만 사용한 차, 더불어 우유나 설탕을 넣지 않고 홍차만을 우려 마시는 차를 스트레이트 티라고 한다. 블랜디드 티는 여러 산지의 찻잎을 섞어 만든 차, 플레이버리 티는 주로 꽃향이나 꽃잎, 과일향이나 과육, 초콜릿 향, 캐러멜 향 등을 첨가해서 만든 것이다. 티를 혼합하는 것은 좋은 와인을 만드는 것처럼 기술과 지식이 필요하다. 많은 차 회사와 티룸에서는 다양한 방법으로 찻잎을 섞어보면서 완벽한 티를 만들어내려고 노력하고 맛을 변화시킨다.

1. 스트레이트 티straight tea

• 다즐링 티Darjeeling: 인도의 다즐링 지역이 원산지. 세계 3대 홍차 중 하나로 '홍차의 샴페인'이라고 불린다. 머스캣 포도 향이 특징으로 옅은 오렌지색의 물빛을 띤다.

• 아삼 티Assam: 인도의 아삼 주가 원산지로 몰트molt 향과 진한 붉은색이 특징이다. 강한 맛 덕분에 우유를 넣어 밀크티로 마시기 좋고 블렌딩의 기본 재료로 많이 쓰인다.

2. 블랜디드 티blended tea

• 잉글리시 브렉퍼스트 티English breakfast tea: 아침에 마시기 좋은 차로 진한 맛이다. 실론차와 인도차를 주로 블렌딩 한다.

• 애프터눈 티afternoon tea: 맛이 부드럽고 은은해서 오후나 저녁에 마시기 좋다.

3. 플레이버리 티flavory tea

• 얼그레이 티earl gray: 중국차를 기본으로 베르가모트 향을 입힌 차로 시원한 향이 특색이다. 주로 우유를 넣지 않고 마신다.

• 애플 티apple tea: 사과 향을 더하거나 말린 과육을 넣어 홍차의 향과 아주 잘 어울린다.

특별한 날을
더 특별하게

66

숨어 있는 호텔의 매력을 오감으로
느끼는 순간, 그곳은 나만의 아지트가 된다.

99

호텔 속 나만의 아지트

"Your scones, Madam." 한 손으로 배를 받치고 허리를 약간 숙여 빳빳하게 다려 주름 하나 없는 새하얀 테이블보 위로 스콘이 담긴 접시를 올려놓는다. 잔잔하게 깔린 음악에 소근소근 대화하는 소리, 그리고 찻잔을 받침 위로 내려놓을 때 나는 달그락 소리가 만나서 기분좋은 백색 소음을 만들어낸다. 호텔 드로잉 룸의 편안한 암체어에서 경험하는 세련된 티타임의 순간, "유어 스콘스, 마담"이라는 정중한 한마디가 기분을 더 좋게 했다. 여기에 피아노 연주나 현악 3중주의 연주가 보태지거나, 겨울이라면 타닥타닥 벽난로의 장작 타는 소리까지 더해져 운치를 더한다. 런던 호텔의 대부분의 티타임은 별도의 티라운지나 드로잉 룸에서 이루어진다.

'드로잉 룸'이라는 말은 처음 들으면 그림을 그리는 곳인가라는 생각을 할 수 있는데, 이는 큰 저택의 응접실 혹은 접견실로 손님을 대접하기 위한 편안한 휴식공간으로 쓰이던 곳이다. 그 명칭은 남자들의 공식 모임 혹은 사교모임에서 부인들은 따로 떨어져 (withdraw, 물러나다) 다른 공간에서 티타임을 하며 시간을 보냈다는 데서 유래되었다고 한다. 겨울을 기다리며 한쪽을 존재감 있게 지키고 있는 벽난로와 편안한 소파, 우아한 인테리어, 샹들리에와 꽃 장식, 카펫 혹은 반짝이는 대리석, 여기에 정중한 서비스가 만드는 티타임이 대부분의 런던 호텔에서 느낄 수 있는 티룸의 분위기이다. 여기에 셰프들의 스타일이 표현된 티푸드와 와인 리스트 못지않은 다양한 티 리스트들이 변화를 주고 호텔들만의 특색 있는 스토리가 매력으로 발산된다.

런던의 대형 호텔들은 빅토리아 시대부터 지어지기 시작했는데 랭엄 호텔Langham Hotel이 1865년 처음 그 시작을 알렸다. 랭엄 호텔은 더불어 런던에서 제일 처음 애프터눈 티 서비스를 시작한 호텔이었고, 사보이Savoy Hotel 호텔은 1889년 오픈 당시 모든 룸에 화장실과 욕실이 딸린 최초의 호텔이었다고 한다. 런던의 호텔이 갖는 '처음'의 의미는 얼마 전 몽칼름 마블 아치Montcalm Marble Arch 호텔이 숙박 기간 동안 무료로 스마트폰을 제공하는 등 시대에 맞춰 변화하고 있다. 사보이 호텔은 옛날 런던에서 활동하던 유명인사들의 이야기가 그대로 녹아 있는 곳으로 레스토랑인 사보이 그릴은 윈스턴 처칠과 마릴린 먼로가 좋아했던 의자 배열을 지금까지 그대로 유지하고 있다. 프랑스 화가 모네가 사보이에 머물면서 테라스에서 보이는 템스 풍경을 그렸는데, 그 작품들이 현재 호텔 스위트룸 중 하나인 '모네의 방'에 걸려 있다는 말을 듣는 순간, '모네의 방'에서 모네의 시선으로 템스의 풍경을 바라보며 애프터눈 티 룸서비스를 즐기는 것을 '언젠가 런던에서 떠나기 전에 해봐야 할 버킷리스트'에 넣어본다.

단순히 럭셔리한 분위기를 자랑하는 장소가 아니라 런던의 한 부분에서 함께 세월을 보내며 각자의 스토리를 담고 있는 런던의 호텔들. 유명 호텔의 이야기를 찾거나 숨어 있는 시크릿 호텔을 발견하는 재미가 있다. 그리고 그곳을 찾을 수밖에 없는 매력적인 이유를 오감으로 느끼는 순간 나만의 아지트가 되기도 한다.

St Paul's Hotel

세인트폴 호텔

1

2

1 빨간벽돌과 적갈색 테라코타로 지은 호텔 건물.
2 웨인스코팅 장식이 여성스러운 분위기를 내는 멜로디 레스토랑.

해머스미스 로드 153번지에 있는 세인트폴 호텔의 역사는 130년 전부터 시작된다. 이 건물은 자연사 박물관을 설계한 건축가 앨프리드 워터하우스Alfred Waterhouse가 설계한 곳으로, 영국 명문사학 중 한 곳인 세인트폴 스쿨의 시설로서 1884년에 지어졌다. 세인트폴 대성당 옆에 위치해 있던 스쿨이 웨스트 런던으로 옮겨오면서 새롭게 지은 것이었다. 빨간 벽돌과 적갈색 테라코타로 지은 고딕 양식의 건축물이 지금까지도 해머스미스 로드 위에서 그 위엄을 풍기고 있다. 1968년 반스Barnes로 이전하면서 학교의 주 건물들은 철거되었다. 당시 학교의 대지가 약 19,586평에 이르렀다고 하니 지금의 호텔은 극히 일부가 남아 있는 것이다.

흥미로운 점을 더하자면, 이곳은 역사적인 사건이 벌어진 곳이다. 디데이D-day라 불리는 노르망디 상륙작전의 계획이 드와이트 아이젠하워와 버나드 몽고메리 등에 의해 이곳에서 이루어졌다. 1944년 5월 15일 세인트폴 스쿨의 강의실에서 조지 6세와 처칠 수상이 참석한 가운데 마지막 침공 전략이 세워졌고, 이 작전이 1944년 6월 6일 노르망디에서 펼쳐졌다.

이곳 호텔의 멜로디 레스토랑The Melody restaurant에는 달콤한 애프터눈 티가 기다리고 있다. 리셉션 데스크를 지나서 계단을 올라 안으로 들어가면 아늑한 첫인상의 다이닝 룸으로 안내해준다. 벽 위의 웨인스코팅 장식이 돋보인다. 천장의 반짝이는 샹들리에와 벽의 전등 장식이 클래식해 화려한 분위기를 더하고, 편안해 보이는 소파와 의자, 창가에 그레이 톤으로 차분하게 내려와 있는 커튼이 집 안의 인테리어로 참고하고 싶을 만큼 따뜻하고 편안하다. 벽난로와 거울, 꽃 장식도 이곳의 분위기 메이커 역할을 톡톡히 해내고 있다. '멜로디'라는 이름이 왠지 조금은 오래된 느낌이다. 이곳에서 촬영했던 영화의 이름이라고 한다. 우리에겐 조금 낯설지만 영국인들에게 사랑받는 소년 소녀의 사랑 이야기라고 하니 영국판 『소나기』쯤 되려나.

3단 트레이에 담긴 티푸드는 전형적인 구성이지만, 기본 안에서 제대로 된 맛을 선물해준다. 카레향이 은은한 코로네이션 치킨 샌드위치는 계속 생각나는 맛이다. 따끈한 스콘은 특유의 고소한 맛이 살아있다. 탄탄한 기본기라는 말을 음식에 써도 될지 모르겠지만, 이곳은 티푸드와 부드러운 분위기, 친절함에서 기본기가 살아 있다. ☕

153 Hammersmith Road, London, W14 0QL
애프터눈 티 매일 15:30~17:30
020 8846 9119
www.themelodyrestaurant.co.uk

친절한 서비스와 기본에 충실한 맛있는 티푸드.

Grosvenor House

그로브너 하우스

1·3 런던의 베스트 치즈케이크라는 별명을 가진 우물 모양의 폰드 치즈케이크.
2. 파크 룸이라는 이름이 실감나는 공원 뷰와 그린 컬러의 소파.

입안에서 은은하게 퍼져나가는 치즈 향에 아이스크림처럼 부드럽게 녹아내리는 식감의 치즈케이크, 그중에서도 "Best Cheesecake in London"이라는 거창한 수식어로 평가를 받고 있는 케이크가 있다. 런던의 JW 메리어트 호텔 그로브너 하우스에서 내놓는 치즈케이크는 호텔의 시설과 애프터눈티 메뉴보다도 유명하고 평이 좋다. 유명세를 타고 있는 치즈케이크를 먹을 수 있는 곳은 호텔 안에 두 곳이 있다. 분위기가 전혀 다른 두 장소를 상황에 따라 골라보자.

먼저 그라운드 플로어의 파크룸The Park Room은 2016년 리뉴얼된 곳으로, 대리석 바닥과 곳곳에 배치된 책, 세련된 소품 등을 통해 새로운 공간으로 탈바꿈했다. 창밖으로 보이는 하이드 파크의 풍경과 안쪽 진한 녹색 컬러의 소파가 은근하게 어울려 파크룸이라는 이름이 왜 붙여졌는지 실감하게 한다. 비스킷과 버터를 섞어 그릇처럼 만든 크러스트에 치즈무스를 감싸고 있는 우물 모양의 치즈케이크 또한 폰드 치즈케이크Pond Cheese Cake라는 이름과 너무나 잘 어울린다. 포크로 건드리면 부서지는 촉촉하면서 고소한 크러스트, 무스와 구운 치즈로 이루어진 두 개의 층으로 나뉜 치즈 필링의 부드러움이 일품이다.

파크 룸과 더불어 부담없이 치즈케이크를 맛볼 수 있는 곳이 아주 가까이 있다. 바로 그라운드 플로어 한쪽의 파크레인 마켓Park lane

Market이다.

파크레인 마켓은 호텔 내의 작은 간식 상점이다. 스타벅스의 커피와 쇼케이스의 폰드 치즈케이크, 그 반대편을 가득 채운 그릇장의 과자, 사탕, 초콜릿이 정겹다. 길을 지나다 커피를 사러 오는 사람들도 많이 있다.

치즈케이크는 바로 옆 테이블 공간에서 커피와 함께 즐겨도 좋고 포장해서 근처의 그로브너 스퀘어 가든에 가서 도심 속 달콤한 휴식을 즐겨도 좋다. 찻잔에 담은 티나 커피와 함께 느긋한 시간을 보내고 싶다면 파크룸을 선택하고 캐주얼한 분위기에서 먹거나 혹은 포장해서 숙소나 공원에서 즐기려면 파크레인 마켓을 선택하자. ☕

86 Park Lane, London, W1K 7TN
020 7399 8460
www.jwsteakhouse.co.uk

치즈케이크는 호텔 내 작은 상점 파크레인 마켓에서도 간편히 즐기거나 포장해갈 수 있다.

Corinthia Hotel

코린시아 호텔

1 화려한 꽃장식 옆의 깔끔한 티테이블. 2 풀문(보름달)이라는 이름이 어울리는 샹들리에.
3 디저트바에 준비된 컵케이크들. 4 티팟과 함께 서브되는 진한 핫초콜릿.

화이트홀 플레이스Whitehall Place는 '런던에서 가장 런던다운 모습을 볼 수 있는 곳'이다. 트래펄가 광장과 템스 강을 이어주는 노섬벌랜드 에비뉴Northumberland Avenue와 함께 삼각형을 이루는 이 지역에는, 국회의사당과 버킹엄 궁전이 가까이 위치했다는 이유로 주변에 정부기관들이 모이기 시작했다. 에너지 및 기후 변화부와 'Old War Office Building'이라는 제2차세계대전 당시 처칠 수상이 사용했던 본부 건물 사이에 나 있는 이 길 화이트홀 플레이스는 주변의 건물들과 함께 매우 영국적인 분위기를 만들어내고 있다.

이 거리에 위치한 코린시아 호텔은 이전의 정부기관으로 사용되던 건물을 개조한 호텔이라는 점이 믿겨지지 않을 정도로 화려하면서도 우아한 인테리어가 돋보인다. 호텔에 들어서면 제일 먼저 로비 라운지의 돔 천장에서부터 내려오는 큰 규모의 샹들리에가 시선을 끈다. 동그란 크리스틸 볼이 쏟아지는 것 같은 드라마틱한 샹들리에는 그 아래 꽃 장식이 화려한 테이블과 함께 분위기를 잡아준다. '보름달The full moon'이라는 이름에 딱 맞는 반짝이는 바카라의 샹들리에 옆에서 달콤한 시간을 보내볼까.

호텔의 전담 플라워 숍이 로비 라운지와 가까운 통로에 있어서 꽃을 구경하는 재미도 있다. 덕분에 호텔 곳곳에서 싱싱한 꽃 장식을 볼 수 있다. 플라워 숍과 함께 해롯 백화점이 처음으로 호텔 안에

허가를 주었다는 해롯 기프트숍도 운영되고 있다.

이곳의 소문난 메뉴가 바로 '코린시아 핫초콜릿'이다. 티팟 안에 담긴 걸쭉하게 진한 핫초콜릿을 잔에 따른 후 같이 서빙된 생크림과 마시멜로, 화이트 초콜릿과 다트 초콜릿 조각으로 취향에 맞게 나만의 핫초콜릿을 만들어 마실 수 있다. 재미와 맛을 동시에 사로잡는 메뉴다!

매일 달라지는 디저트 메뉴는 로비 라운지 한 켠 커다란 대리석 테이블 위의 케이크 스탠드에 예쁘게 진열되어 있다. 섬세한 데코레이션이 돋보이는 컵케이크나 브라우니 등, 눈으로 보고 맛을 상상하면서 골라도 좋겠다. 이곳의 티 메뉴는 미국의 고급 티 브랜드 하니앤손스 셀렉션 중에서 선택 가능하다.

편안하고 쾌적하면서도 멋스러운 분위기 안에서 영국의 도자기 회사 윌리엄 에드워즈William Edwards가 코린시아 호텔만을 위해 제작한 심플한 티세트와 함께하는 휴식 시간은 런던의 중심부에서 갖는 최고의 달콤함이다. ☕

Whitehall Place, London SW1A 2BD
로비라운지 매일 07:00~23:00
애프터눈 티 월-금 14:00~18:00 토-일 12:00~18:00
020 7321 3150
www.corinthia.com/hotels/london

곁들여져 나오는 생크림, 마시멜로, 초콜릿 조각으로 취향대로 만들어 마시는 핫초콜릿.

66

새해맞이 애프터눈 티를 하지 않으면
진짜 뉴이어는 아직 오지 않은 것.

99

특별한 날의 작은 사치

12월의 첫번째 일요일이 되면 초콜릿이 들어 있는 어드벤트 캘린더advent calendar를 준비한다. 크리스마스 이브까지 하루에 한 알씩 캘린더 안의 초콜릿을 꺼내먹으며 하루하루 크리스마스를 기다린다. 영국 전역이 크리스마스 준비에 들떠 있고 거리마다 크리스마스 장식으로 분위기가 고조되어 있을 때쯤 친구들과 모여 크리스마스 파티를 즐긴다. 서로 '시크릿 산타'가 되어 선물을 준비하고 크리스마스 크래커를 빵 하고 터트리며 한 해를 함께 즐겁게 보낸 것을 추억하며 파티를 즐긴다. 크리스마스 이브에는 잠들기 전에 산타할아버지와 루돌프가 집에 왔을 때를 위한 쿠키와 우유를 트리 앞에 놓아둔다.

크리스마스 아침에는 트리 아래의 선물을 열어보고 남편과 로스트치킨을 구워 먹고는 오후 3시의 여왕님 연설을 시청한다. 12월 26일은 박싱데이boxing day라 불리는 날로 영국의 거의 모든 상점들은 대대적인 세일에 들어간다. 평소 과소비를 하지 않기로 유명한 영국인들이지만 박싱데이가 되면 1년치 필요한 물품을 모두 사놓는다고 할 정도로, 이날은 얌전한 그들이 쇼핑 괴물로 보이는 풍경이 펼쳐진다. 시끌시끌했던 박싱데이까지 지나면 조용히 새해맞이에 들어간다.

보신각의 종소리가 33번 웅장하게 울려퍼지면 우리나라에는 새해가 밝아온다. 그로부터 아홉 시간 후, 런던의 빅벤이 12시 정각을 알리는 종소리를 내면 런던아이 앞에서의 불꽃놀이가 시작되면서 영국에도 뉴이어가 찾아온다. 2010년 12월 31일과 2011년 1월 1일 사이, 런던에서 처음 맞이하는 새해라는 사실에 들떠서 뭣 모르고 나선 새해맞이 불꽃놀이 행사. 엄청난 인파에 떠밀리는 무서운 경험을 한번 하고 나서야 집에서 TV 중계로 보는 것이 제일 아름답다는 결론을 내렸다. 그후로는 매년 샴페인을 시원하게 준비해놓고 얌전하게 새해를 기다리고 있다.

크리스마스를 기다리고 맞이하고 한 해를 보내고 새로운 해를 맞이하는 몇 가지의 반복되는 행동들이 어느덧 우리집의 '전통'이라고 수줍게 이야기할 수 있을 만큼 추억으로 쌓여간다. 남편이 조금은 힘들어하는 유난스러운 우리집의 전통 중에 또 하나 지켜내고 있는 것이 있다. 신년 기념 애프터눈 티가 그것! 새해맞이 애프터눈 티를 하지 않으면 우리에게 진짜 뉴이어는 아직 오지 않은 것이다! 🫖

Claridge's

클라리지 호텔

1 티팟을 대기시키는 스탠드. 2 스트레이트 티로 깔끔하게 마셔도 좋은 화이트티.
3 민트와 화이트 컬러 조합의 베르나르도 테이블웨어에 제공되는 티푸드로 우아한 티타임.

일명 대포 카메라를 들고 호텔 입구에서 진을 치고 있는 파파라치들을 심심치 않게 볼 수 있는 곳이 있다. 메이페어Mayfair의 클라리지 호텔은 그들에게 찍힌 셀러브리티들의 배경으로 자주 등장하는 곳이다. 1950년대부터 율 브리너, 오드리 헵번 등의 유명 할리우드 스타들이 머물고 2000년에는 모델 케이트 모스가 생일 파티 장소로도 사용했을 만큼 이 호텔은 지금까지도 스타들이 '런던에서 머무는 집London home'으로서의 역할을 톡톡히 해왔다.

스위트룸에서의 하룻밤에 1300파운드(약 220만 원)나 하는 식의 럭셔리 전략도 돋보인다. 이곳은 1856년 오픈 이후 지금까지 로열패밀리와 셀러브리티에게 많은 사랑을 받고 있는 '5성급 럭셔리 호텔'이다.

인테리어 못지않게 이곳을 빛나게 하는 것이 바로 영국의 유명 플라워 스쿨 맥퀸스McQueens의 꽃 장식이다. 특별히 호텔에 볼일이 없더라도 근처를 들르면 꽃 장식만 보러 갈 정도로 눈과 마음을 사로잡는다. 호텔 입구부터 시작된 장식은 로비 곳곳에 연결되어 있다. 애프터눈 티를 즐길 수 있는 포이어 앤 리딩 룸Foyer and Reading room 가운데에 있는 유리 조형 예술가 데일 치훌리Dale Chihuly의 화려한 유리 샹들리에와 그 아래에 진열된 풍성한 꽃 장식이 하이라이트다. 거울 장식과 화려한 기둥 장식이 조화를 이루는 환상적인 분위기의 장소에서 특별한 날을 보내보자.

호텔에 도착해서 예약 확인을 하면 정중한 안내를 받으며 자리에 앉는다. 티팟이 그려진 메뉴판에는 티의 종류별로 우유를 넣으면 좋은지 레몬을 넣으면 좋을지 등의 조언과 블랜딩이 어떻게 이루어졌는지 등의 상세한 정보가 담겨 있으니 천천히 읽어보고 골라보자. 티를 주문하면 보는 자리에서 뜨거운 물을 채워주며 설명해준다. 민트와 화이트의 상큼한 컬러 조합의 테이블웨어는 프랑스의 베르나르도Bernardaud 제품들이다.

이곳의 상큼한 오이 샌드위치와 고소한 맛의 치킨 샌드위치, 풍미가 다른 연어 샌드위치는 다른 평범한 샌드위치와 한끝 다르다고 자신 있게 평가할 수 있다. 부드러운 에그 샌드위치까지 어느 하나 빠지는 맛이 없다. 바삭하고 속이 유난히 부드러운 스콘과 섬세한 맛의 과자류, 달콤한 디저트 접시까지 만족스러운 한 상으로, 티푸드의 맛이 런던에서 가장 뛰어나다고 할 수 있다. 가까이에서 연주되는 피아노와 콘트라베이스의 선율까지 더해져 오감이 만족되는 시간이다. ☕

Claridge's, Brook Street, London, W1K 4HR
애프터눈 티 매일 14:45 15:00 15:15 15:30 16:45 17:00 17:15 17:30
020 7629 8860

화려한 조명과 꽃장식 아래 좋은 음악이 함께하는 로맨틱한 티타임.

Milestone Hotel

마일스톤 호텔

1

2

3

4

1 켄싱턴 파크 맞은편의 호텔 입구. 2 어른들을 위한 3단 트레이의 애프터눈 티 세트.
3 미니 사이즈의 2단 트레이에 제공되는 리틀 프린스 앤 프린세스 티.
4 핫초콜릿과 함께하는 아이들의 달콤한 티타임.

벽난로 앞 편안한 소파 자리에 앉아 창밖으로 보는 켄싱턴 파크의 풍경이 마음을 편안하게 만든다. 짙은 나무 인테리어가 공간에 중후함을 주고 쿠션 장식의 의자와 소파가 포근해 보이는 이곳 마일스톤 호텔에서 애프터눈 티를 즐겨보자. 책장을 채운 책들은 집안 한쪽의 서재 같은 느낌을 주고, 커다란 금장 액자와 묵직한 커튼 장식이 더해져 굉장히 영국다운 분위기를 느낄 수 있다.

어른들을 위한 트래디셔널 애프터눈 티뿐 아니라 어린이 티세트를 주문할 수도 있다. 어린이를 위한 티 메뉴의 이름은 너무나 사랑스럽게도 '리틀 프린스 앤 프린세스 티Little Prince and Princess Tea'! 성별에 따라 프린스 혹은 프린세스 티로 나뉜다. 12세 이하의 어린이를 위한 메뉴로, 샌드위치와 스콘, 도넛과 컵케이크, 핫초콜릿이 귀여운 2단 미니 케이크 스탠드에 제공된다. 엄마 아빠와 함께한 런던에서의 달콤한 기억이 오래오래 소중한 추억으로 간직될 것이다.

어른들의 티 메뉴도 아주 푸짐하고 맛있는 것들로 구성되어 있다. 동그란 모양의 에그 샌드위치는 땅콩 가루로 마무리해서 더욱 고소하고, 치킨 샌드위치, 치즈와 토마토를 넣은 샌드위치, 오이와 그리스 요구르트를 조합하여 만든 샌드위치, 연어 샌드위치 등이 접시를 가득 채우고 있다. 바로 구운 스콘과 달콤한 디저트까지 온 가족이 함께 즐기는 덕분에 애프터눈 티 시간이 더욱 즐겁다. 해마다

고객 만족도 투표에서 높은 순위를 자랑하는 마일스톤 호텔은 입구에 들어설 때부터 나설 때까지의 특별히 친절한 서비스가 인상적이다.

리틀 프린세스 혹은 리틀 프린스 티 메뉴에는 아이가 컵케이크 장식을 해볼 수 있는 시간이 포함되어 있다. 친절한 스태프가 안내해주는 대로 테이블 위에 준비되어 있는 마시멜로, 초콜릿 등을 이용해서 장식을 해보는 시간이다. 아이에게 티타임의 특별한 추억을 만들어줄 수 있는 기회다. 홈페이지에서 예약시 기타 요구사항에 리틀 프린세스 혹은 리틀 프린스 티를 예약한다는 말과 함께 '컵케이크 데코레이션'을 원한다고 남겨두면 된다. 최소 24시간 전에 알려주어야 한다. ☕

1 Kensington Court, London, W8 5DL
애프터눈 티 매일 13:00 15:00 17:00
020 7917 1000
www.milestonehotel.com

아이들에게 런던에서의 잊지 못할 특별한 추억이 될 시간, 컵케이크 데코레이션.

The Ritz London

더 리츠 런던

1 실버 티팟에 제공되어 더욱 클래식한 느낌.
2 잔잔한 꽃무늬 플레이트에 담겨져 나오는 리츠의 애프터눈 티.
3 눈에 보이는 모든 것이 영화 속 한 장면 같은 팜코트의 모습.

중학교 때 감기 기운을 핑계로 꿀맛 같은 평일의 휴일을 보내며 TV에서 우연히 보았던 영화 〈마이 페어 레이디〉. 음성학 교수 히긴스는 하층 계급의 여인을 6개월간 교육해서 우아한 귀부인으로 만들어 사교계에 데뷔시키겠다고 내기를 한다. 그렇게 선택된 여인은 길거리에서 꽃을 팔던 일라이자로, 사투리와 거친 말투를 쓰는 여자였다. 영화 내용과 함께 화려한 귀족문화가 돋보이는 영화 속 영국이라는 나라의 이미지는 중학생 여자아이의 마음속에 깊이 남았다.

그린 파크에 갈 때마다 기웃거리며 보게 되던 리츠 호텔은 오래전 보았던 고전영화를 떠올리게 한다. 회색 벽돌에 푸른색 차양과 깃발, 반짝이는 사인이 '페어 레이디'가 될 것 같은 로망을 깨운달까. 도어맨의 모닝 인사를 받고 호텔 안으로 들어서면 마치 궁전이라도 온 기분이 된다. 곡선을 그리며 올려가는 계단과 그림이 그려진 벽, 아치로 연결된 긴 복도와 천장의 반짝이는 샹들리에, 활짝 피어 있는 탐스럽고 풍성한 꽃 장식이 눈에 한꺼번에 들어온다.

1906년 호텔이 오픈했을 때부터 지금까지 런던 애프터눈 티의 대명사로 그 명성을 이어오고 있는 리츠의 애프터눈 티는 호텔 안쪽 팜코트Palm Court에서 즐길 수 있다. 궁전의 연회장을 거닐 듯 사뿐사뿐 우아하게 발걸음을 옮겨 애프터눈 티를 즐긴다.

젠틀한 직원이 메뉴 안내를 해주고 은주전자를 들고 찻잔에 티 스트레이너를 얹어 티를 따라준다. 잘 다려진 테이블보 위의 묵직한 실버웨어와 잔잔한 꽃무늬가 그려진 사랑스러운 찻잔과 플레이트 세트가 화려한 장소와 거부감 없이 잘 어울린다. 감미로운 피아니스트의 연주는 팜코트 안의 분위기를 더욱 편안하게 만들어준다.

제일 위 사자 장식의 디테일까지 '리츠'스러운 케이크 트레이에 샌드위치와 스콘, 디저트가 담겨 있다. 클로티드크림과 잼도 넉넉히 담아주어 스콘의 담백함을 즐기기에 충분하다. 손가락 사이즈의 샌드위치가 다양한 필링(연어와 레몬 버터, 에그마요와 워터크레스, 치킨 가슴살과 파슬리 마요네즈, 오이와 딜크림 치즈, 체더치즈와 처트니, 햄과 머스터드 마요네즈)과 다양한 식빵(토마토 브레드부터 호밀, 흰 빵, 맥아빵까지)으로 다양한 식감과 맛의 재미를 준다.

3단 트레이의 제일 위 칸에 놓인 디저트 메뉴가 조금 부실하지 않나 서운한 마음이 들 때쯤, 예쁜 컬러의 타르트와 파운드케이크가 놓인 케이크 트롤리cake trolly를 끌고 다니며 테이블마다 잘라주는 모습이 눈에 보인다. 트롤리를 기다리는 재미도 은근해서 숨겨놓은 엔터테인먼트 센스가 돋보인다.

한 시간 30분에서 45분가량의 시간이 정해져 있는 것이 단점이라면 단점이다. 같은 시간대에 예약하고 티타임을 즐겼던 사람들이 떠난 테이블은 다시 깨끗하게 단장되고 새로운 시간의 손님들을 기다린다. 무대에 오르는 것 같았던 계단을 내려오니 영화 속 아름다운 장면에서 나온 것 같아 아쉬움이 느껴진다.

핑크빛 벽지에 우아한 핑크 컬러의 소파와 그 앞 테이블에 잡지와 마실 수 있는 물까지 정갈하게 준비된 '화장실'마저 완벽한 곳. 리츠에서의 티타임은 빠르게 유행이 변하는 시대에도 클래식한 매력으로 마음에 남아 있는 '고전 영화' 같은 매력이 느껴진다. ☕

150 Piccadilly, London, W1J 9BR
020 7493 8181
애프터눈 티 매일 11:30 13:30 15:30 17:30 19:30
www.theritzlondon.com/afternoon-tea-reservations

Don't miss

리츠의 드레스 코드는 아주 엄격하다. 남성은 반드시 재킷과 타이를 메야 하고 캐주얼 의류나 스포츠 웨어는 절대 금지되어 있다. 겨울철이라면 코트도 팜코트 맞은편 물품 보관소에 보관하도록 되어 있다.

> 동심을 잃은 나이에
> 환상의 세계를 다시 펼쳐보는 오후

소설을 테마로 한 공간

영국 전역에는 알록달록한 롤리팝과 젤리, 사탕, 캐러멜과 초콜릿 등 세상에 있는 달콤한 것들은 모두 모아놓은 것 같은 예쁜 가게, 미스터 심스 올드 스위트 숍Mr Simms Olde Sweet Shoppe이 있다. 'Olde'와 'Shoppe' 같은 고어의 사용에서도 느껴지듯 빅토리안 시대의 사탕가게를 콘셉트로 하는 곳으로 외관의 짙은 브라운 컬러의 페인트가 초콜릿을 생각나게 해서 산책을 나오거나 장을 보러 마켓에 가는 길에 그곳을 그냥 지나치지 못하고 나도 모르게 정신을 놓아 온갖 '단것'들을 바구니에 담고 있는 날이 많았다. 어릴 때야 엄마가 그만 담으라며 제지했겠지만 지금은 그렇게 해줄 사람도 없는 아직 철이 안 든 어른의 모습인 나를 발견하는 곳이다. 천장 가득 달콤함으로 채워진 그곳에 취해 있다보면 떠오르는 이야기가 하나 있다. 초콜릿 강이 흐르고 초콜릿 폭포가 쏟아지는 그곳, 바로 영국의 유명 소설가 로알드 달의『찰리와 초콜릿 공장』이다. 1964년에 발표된 이 이야기는 지금까지도 영국의 아이들에게는 물론 각국의 언어로 발행되어 세계 어린이들에게 많은 사랑을 받고 있는 소설이다. 2016년 로알드 달의 탄생 100주년을 맞아 다양한 기념행사와 찰리와 초콜릿 공장 애프터눈 티 파티를 선보였다. 한 해 전인 2015년에는 소설『이상한 나라의 앨리스』가 탄생 150주년을 맞이했다. 기발한 상상력이 돋보이는 영국의 소설들은 오랜 시간 동안 사람들에게 사랑 받고 있고 영감을 주고 있다. 이상한 나라의 앨리스의 탄생 150주년 기념으로 영국도서관이나 홍차 전문점에서 그를 기념하는 행사 소식을 전하는 뉴스를 보고 그 스토리를 떠올려보려 했는데 너무 오래전에 읽은 이야기라서인지, 물약을 먹고 몸이 작아졌던 장면만이 스쳐지나가 다시 한번 책을 찾아 읽어보기로 했다.

영국 옥스퍼드 대학의 수학 교수로 있던 루이스 캐럴이 새로 부임한 학장의 딸들인 로리나, 앨리스, 에디스와 놀아주며 들려주었던 이야기로 만들어진『이상한 나라의 앨리스』. 작가의 뛰어난 상상 속에서 탄생한 이야기는 디즈니의 만화는 물론 팀 버튼의 영화 등으로 여러 번 쓰일 만큼 흥미로운 매력을 가지고 있다. 영화 등 많은 분야에서 다루어진 이 소설은 영국의 애프터눈 티 문화에도 영향을 끼쳤는데 아이들의 생일이나 브라이덜 샤워Bridal Shower의 파티 데코레이션에 많이 활용될 정도로 인기가 좋은 주제이다.

런던의 샌더슨 호텔은 『이상한 나라의 앨리스』에서 모티브를 따온 애프터눈 티를 제공하는 곳이다. 오랜만에 다시 들여다보게 된 이상한 나라. 동심을 잃어버린 나이에 다시 읽은 환상의 세계에 대한 여운이 남아 티타임을 하러 가야겠다고 생각했다. 시계토끼를 따라서! 🫖

Tea at Sanderson Hotel

샌더슨 호텔

1 동화 속 '미친 모자장수'로 변한 티팟. 2 제일 위 티컵에 잔디가 심어져 있는 3단 트레이.
3 브라우니로 탄생한 카드병정과 레드벨벳의 무당벌레.
4 앨리스가 마셨던 드링크 미 유리병 안에는 망고 크림의 디저트가 들어 있다.

『이상한 나라의 앨리스』 제7장 「미치광이 다과회Mad Hatter's Tea time」 에서 앨리스는 3월의 토끼와 모자장수, 그리고 쥐의 이상한 티파티에 참석하게 된다. 샌더슨 호텔에 들어서면 우리도 그 이상한 나라의 티파티를 즐길 수 있다.

밖에서 볼 때는 사무실만 있을 것같이 보이는 무미건조한 회색 건물의 샌더슨 호텔. 하지만 호텔 문 하나를 통과하면 앨리스가 들어가게 된 이상한 나라처럼 다른 세상으로 바뀐다. 로비에 들어서면 살바도르 달리의 빨간 입술 소파가 강렬하게 맞이하고 오른쪽으로 시선을 돌리면 필립 스탁의 의자에 그려진 눈들이 나를 쳐다본다. 심상치 않은 이 분위기는 애프터눈 티를 위한 테이블 위까지 연결된다. 여왕 앞에서 노래를 부르다 시간을 죽인다는 벌로 6시라는 시간(차를 마시는 시간이라 설명하고 있다)에 가두어져 쉬지 않고 계속 차를 마셔야 하는 이상한 나라의 그들처럼 호텔 밖 세상은 잠시 잊고 티타임에 집중해보자.

테이블 위에 오르골 상자와 원서 한 권이 놓여 있다. 책을 펴니 메뉴가 쓰인 페이지가 나오고 상자를 여니 발레 하는 소녀가 음악에 맞추어 빙글빙글 돌고 그 안에는 설탕이 가득 담겨 있다. 뚜껑이 있는 작은 유리병에는 찻잎이 들어 있고 향을 맡을 수 있다. 포커 카드에는 티의 이름과 어떤 향의 차인지 설명이 적혀 있어서 마시고 싶은 티를 선택할 수 있다. 선택한 티는 검은색 종이 왕관을 쓴 티팟에 서브된다. 테이블에서 미친 모자장수Mad Hatter는 티팟으로 변했다. 홍차에 바닐라와 캐러멜, 블랙커런트, 베르가못이 가미된 것이 바로 '앨리스 티'이다.

"내가 무엇을 먹든지 마시든지 하면 뭔가 재미있는 일이 일어나잖아?" 앨리스는 'Drink me'라고 적힌 유리병에 든 음료를 마시고 몸이 작아졌다가 케이크를 먹고 천장에 머리가 닿을 만큼 커지기도 하고 버섯을 먹으면서 몸의 크기를 늘이기도 줄이기도 하며 새로운 이야기 속으로 빠져든다. 앨리스 앞에 놓여 있던 'Drink me' 음료가 앞 테이블에 올라온다. 고민할 것 없이 작은 병의 빨대를 통해 안의 내용물을 쭈욱 들이킨다. 앨리스가 그랬던 것처럼 안에 들어 있는 재료를 추측해보면서.

3단 케이크 스탠드 제일 위 티컵에는 잔디가 심어져 있고 사이사이 당근 장식이 되어 있다. 책 속에서 버섯 위에 앉아 담배를 피던 애벌레는 제일 위 칸에 애벌레 초콜릿과 마시멜로 버섯으로 등장한다. 여왕님이 빨간 장미를 좋아하는데 흰 장미를 심었다며 빨간색 페인트를 칠하던 카드병정들은 초콜릿 브라우니가 되어 있고 무당벌레는 레드벨벳 케이크가 되어 있다. 시즌별로 동화 속 캐릭터에서 영감을 받은 티푸드가 다르게 제공된다.

"어디보자. 어떻게 하면 될까? 무언가 먹든지 마시든지 해야만 하겠지. 그런데 도대체 뭘 먹지?"

"뭘 먹지?"라고 중얼거리던 앨리스처럼 무엇을 먼저 먹을지 고민하며 이상한 나라의 티타임을 보내볼까. ☕

50 Berners Street, London, W1T 3NG

월-토 12:30~16:00 일 13:00~17:00

020 7300 1400

www.morganshotelgroup.com/originals/originals-sanderson-london

One Aldwych

원 알드위치 호텔

1 연어와 크림, 에그 마요, 로스트 비프, 토마토 등으로 속을 채운 다양한 샌드위치.
2 유리병에 담긴 초콜릿 우유와 솜사탕, 어른들도 신나게 하는 재미있는 티푸드.
3 메뉴 앞면엔 주인공들이 그려져 있다. 4 하얀 연기가 피어오르는 레드 컬러의 칵테일 찰리.

미스터 웡카의 신비스러운 공장의 이야기 『찰리와 초콜릿 공장』은 런던의 로열 드루리 레인Theatre Royal Drury Lane 극장에서 뮤지컬로 공연되고 있다. 신비스러운 윌리 웡카의 공장이 어떻게 연출되는지, 그의 초콜릿 공장을 돌아가게 만드는 원동력 '움파 룸파'는 어떤 모습으로 등장하는지, 마지막 이야기를 장식하는 유리 리프트는 어떻게 표현되었을지 궁금하다면 뮤지컬 〈찰리와 초콜릿 공장〉을 예매하도록 하자. 극장과 아주 가까운 호텔 원 알드위치 호텔에서는 『찰리와 초콜릿 공장』을 테마로 한 애프터눈 메뉴를 선보이고 있으니 공연과 함께 티타임까지 풀코스로 계획하는 것은 어떨까. 어린이들은 물론 동심이 아직 마음에 남아 있는 어른에게도 추천하는 코스이다.

첫인상을 강렬하게 심어주는 것은 바로 칵테일 찰리Cocktail Charlie라는 이름의 칵테일. 위스키에 체리 원액과 포도 주스, 체리 시럽을 섞어 만들었다는 강한 레드 컬러의 칵테일은 유리 티팟에 담겨 나오는데 티팟 위쪽에서 의문의 하얀 연기가 피어오른다. 미스터 윌리 웡카가 발명했을 것만 같은 이 칵테일은 책의 제19장 「신제품 고안실」의 묘사를 떠오르게 한다. 연기와 수증기로 가득차 있는 마녀의 부엌처럼 무언가가 계속 끓어오르는 소리가 난다는 그곳을 칵테일 하나로 표현해낸 듯하다.

샌드위치 재료의 컬러 조합이 인상적이다. 연어와 크림의 부드러운 조합, 귀여운 미니 번에 채워넣은 에그 마요네즈, 로스트비프 샌드 위치, 짭조름하게 맛있는 토마토 타르트, 파와 스틸톤 치즈로 만든 키슈까지 다양한 구성이 입맛을 사로잡는다. 이어 등장하는 과자류 또한 재미있는 아이디어로 채워져 있다. 초콜릿으로 된 금빛 달걀 의 속을 채운 망고치즈 케이크, 유리병에 담긴 초콜릿 우유, 핑크빛 솜사탕과 막대에 꽂혀 있는 진저 브레드 케이크까지 구경하는 재미 에 한참을 먹지 않게 된다. 한쪽에는 스콘과 초콜릿 브리오슈를 담 은 빵 바스켓과 클로티드크림, 세 종류의 잼이 제공된다.

'코스요리 맛이 나는 껌'을 씹으며 껌에서 온갖 맛이 난다며 호들갑 을 떨던 바이올렛처럼 한입에 다 넣어버리고 싶은 욕심이 생기는 테이블이다. ☕

1 Aldwych, London, WC2B 4BZ
월-토 12:30~15:30 일 12:30~16:30
020 7300 0400
www.onealdwych.com

로알드 달의 상상력만큼이나 재미있는 아이디어가 돋보이는 티푸드 디스플레이.

"

런던에서 단 하루만 주어진다면.

"

관광과 티타임을 동시에

서울에는 한강이, 파리에는 센 강이, 런던에는 템스 강이 도심 가운데를 유유히 흐른다. 지하철 노선도에도 템스 강의 구불구불한 모습이 잘 표현되어 있다. 그 위를 달리는 수상택시로는 템스 강 근처의 주요 지역에 다다를 수 있다. 템스 강은 'Liquid History'라는 말이 생길 정도로 시티 오브 런던이 처음 생겨날 때부터 현재까지 런더너들의 생활과 밀접하게 연결되어 같이 살아가고 있다. 런던의 산업이 발전하고 대화재의 아픔을 겪고, 템스 강이 오염되어 그 물을 마신 사람들이 전염병으로 고통받는 시련을 겪었지만 런던 시의 노력으로 대대적인 수질 관리를 하고 주변을 정리해서 지금의 템스 강이 되었다.

오래된 느낌이라는 평을 듣던 템스 강 주변은 2000년을 맞으며 밀레니엄 프로젝트를 통해 과거와 미래가 공존하는 풍경으로 바뀌었다. 프로젝트 중 처음에는 반대가 심했던 런던아이는 이제는 빅벤과 함께 런던의 상징이 되었고, 런던 시내를 내려다보려고 관람차를 기다리는 줄이 빼곡하다. 매년 12월 31일, 새해를 맞이하는 카운트다운이 이곳 런던아이에서 화려한 불꽃쇼와 함께 펼쳐진다. 런던아이와 더불어 밀레니엄 프로젝트의 하나였던 화력발전소를 개조해서 만든 테이트 모던은 투박하고 보기 싫은 건물을 현대 미술의 메카로 변신시켰다. 그렇게 강과 그 주변을 지켜내고 발전시킨 런던의 도시 계획 덕분에 지금도 많은 관광객들은 템스 강으로 모여든다. 런던의 서쪽 끝부터 동쪽 끝까지 이어진 템스를 따라가 달라지는 강 주변의 모습을 만나는 것은 짧은 시간 런던 여행을 계획하는 분들께 종종 추천해주었던 런던 즐기기의 한 방법이다. 목가적인 분위기의 템스를 만날 수 있는 리치몬드 지역에서부터 올리브그린 컬러에 금장 장식이 클래식한 해머스미스 브리지를 지나 런던아이 앞 공원에서 잠시 쉬기도 하고 타워 브리지가 열리는 걸 기다려봐도 좋다. 고층의 금융 회사 건물들이 몰려 있는 카나리 와프의 현대적인 매력을 즐기고 나서 그리니치로 가서 시간의 중심에 서보는 것까지. 템스를 따라 런던을 탐색해보는 방법에는 여러 가지가 있다.

지인이 런던에서 단 하루만 있을 수 있다는 소식을 전해왔다. 주어진 짧은 시간에 무엇을 할까 고민을 해본다. 영국식 스콘을 항상 꿈꾸던 언니를 생각하면 애프터눈 티 시간을 꼭 함께하고 싶었고, 런던 관광을 즐기는 것도 빼놓을 수 없었다. 고심 끝에 런던과 애프터눈 티를 동시에 즐길 수 있는 방법을 찾았다. 런던에서 머무는 시간이 너무 짧아서 무엇을 해야 할지 어디부터 가야 할지 막막하다면 티 크루즈에 올라타 템스에 몸을 맡기고 티타임을 해보자. 템스를 따라 런던을 즐기는 것 외에도 티룸으로 개조한 2층 버스를 타고 런던 시내를 구경하는 방법까지 짧은 시간 티타임을 포기하지 않고 관광과 티타임 두 마리 토끼를 모두 잡을 수 있는 좋은 해결책이 있다. 🍵

크루즈에서 애프터눈 티를

Bateaux London Cruises

바토 런던 크루즈

1 크루즈 창밖으로 보이는 빅벤과 국회의사당의 모습.
2·3 기본적인 티푸드구성의 심플한 세팅.

템스 강 주변을 산책중이거나 다리를 건너는 중이면 어느 때나 강 위를 선회하는 유람선을 볼 수 있다. 단순 관람만을 위한 유람선뿐 아니라 런치나 디너를 즐기며 강을 즐길 수 있는 유람선도 있다. 바토 런던 크루즈를 통해서 바로 그 '애프터눈 티 크루즈'에 탑승할 수 있다.

온라인에서 예약해서 받은 e-티켓을 임뱅크먼트 선착장Embankment Pier 안내 데스크에서 좌석으로 교환해서 탑승할 수 있다. 안내받은 자리에 앉아 있으면 좌석마다 스태프가 돌아다니면서 어떤 티를 고를 것인지 물어본다. 정해진 시간에 유람선이 출발을 알리면서 물길을 가르기 시작하면 티가 서브되고 순차적으로 티푸드가 나온다. 출발한 지 얼마 안 되어 눈앞에 런던의 핫스팟들이 펼쳐져 눈과 입이 동시에 바빠진다. 빅벤과 국회의사당, 런던아이, 세인트 폴 대성당, 테이트 모던, 셰익스피어 극장, 벨파스트 호, 런던 타워와 타워 브리지 등을 한자리에 앉아 차례대로 구경할 수 있다. 평소에는 보기 힘든 다리 아래의 모습도 흥미롭다.

심플한 미니 3단 트레이 위에 아주 기본적인 구성의 티푸드가 제공된다. 샌드위치와 스콘, 달콤한 디저트까지 한 시간에서 한 시간 15분 정도의 관람 시간에 충분히 즐길 수 있는 메뉴이다. 유람선 탑승 자체가 주가 될 거라 생각해서 티푸드의 맛에 대해서는 크게 기대를 하지 않았는데 충분히 즐겁게 즐길 수 있는 수준이다.

유람선은 고층 건물이 들어서 있는 런던 같지 않은 모습의 카나리 와프까지 갔다가 다시 뱃머리를 돌려 선착장이 있는 곳으로 향한 다. 감미로운 피아노 연주를 들으며 티타임과 강변의 풍경을 같이 즐기며 좋은 추억을 만들어보자. ☕

Embankment Pier, Victoria Embankment, London WC2N 6NU
4월~10월 운행(4·5·10월은 수·토, 7·8월은 수~토, 6·9월은 수·금·토)
탑승 15:15 출발 15:30 도착 16:45
애프터눈 티 크루즈가 운행하지 않는 겨울 시즌에는 런치 크루즈를 선 택해도 좋다.
020 7695 1800
www.bateauxlondon.com/cruises/afternoon-tea-cruises

· Find out more! ·

시티 크루즈City Cruises는 바토무슈와 더불어 애프터눈 티를 즐길 수 있는 또다른 유람선 회사이다. 타워 브리지 근처의 타워 선착장Tower Pier에서 출발해서 같은 곳에서 하차한다. 매일 운행중이니 스케줄을 고려해서 선택하자. www.citycruises.com

템스를 달리며 즐기는 티 크루즈.

달리는 버스에서의 애프터눈 티

BB Afternoon Tea Bus Tour

BB 애프터눈 티 버스 투어

1 런던을 달리는 티룸, BB 버스.
2 버스가 달리는 코스 안내가 포함된 메뉴와 컵홀더가 준비된 테이블.
3 티룸으로 개조된 버스 내부, 2층 앞자리.

좁은 도로를 달리는 빨간 2층 버스는 도시에 활기를 불어넣어준다. 2008년 베이징 올림픽의 폐막식, 빨간 2층 버스 하나가 주경기장에 들어섰다. 2012년 올림픽이 런던에서 개최된다는 것을 공표하는 상징이었다.

처음 런던에 관광을 왔을 때에는 버스를 타면 무조건 계단을 통해 2층으로 올라갔다. 2층 맨 앞자리가 비어 있는 날에는 큰 횡재라도 한 듯 기뻤다. 커다란 통창으로 보이는 런던의 모습이 얼마나 영화 속 장면 같던지. 걸어다닐 때와는 다른 시선으로 보이는 런던의 모습에 내리기가 싫어 목적지를 바꾸기도 했다. 버스로 시작해서 버스로 마무리하는 버스 여행으로도 충분히 도시 곳곳을 누빌 수 있는 곳이 런던이다.

런던 도로를 달리는 버스를 관찰해보면 일명 시내버스를 말하는 더블데커Double-Decker, 관광지만을 정차하며 운행하는 빅버스Big Bus, 그리고 또 하나의 특별한 버스가 보인다. 구형 2층 버스를 티룸으로 개조해서 런던 시내를 한 바퀴 도는 BB 베이커리의 BB 버스가 그것이다.

홈페이지에서 예약 버튼을 누르면 날짜 선택 창이 나온다. 전체, 2층 자리 VIP 자리 중에서 좌석 타입을 선택하고 인원수를 입력하면 가능한 시간대와 탑승 장소가 표시된 시간표가 보인다. 탑승지는 두 곳으로, 빅토리아 역과 트래펄가 광장 중에서 선택 가능하다. 예약과 동시에 사이트에서 결제가 이루어지고 예약 확인 메일이 온다. 출발 시간보다 조금 일찍 도착하는 것을 추천한다.

탑승 시간이 되면 정류장에서 직원의 안내로 예약 명단을 확인한다. 버스 안에서는 티푸드 세팅이 한창이다. 손님 맞을 준비가 다 끝나면 차례대로 줄을 서 버스에 탑승한다.

자리에 앉으면 스콘을 제외한 티푸드가 2단 트레이에 얌전하게 놓여 있고 귀여운 일러스트가 그려진 오렌지주스가 컵홀더에 담겨 있다. 냅킨과 함께 포크와 나이프가 세팅되어 있고 빈티지한 개인 접시가 놓여 있다. 한쪽에는 버스가 어느 길을 달리는지 안내해놓은 지도와 메뉴가 적힌 안내책자가 놓여 있어서 버스가 출발하기 전 들떠 있는 기분을 고조시킨다.

탑승 안내를 도와주던 스태프는 이제 티 주문을 도와준다. 티뿐 아니라 커피, 핫초콜릿까지 다양한 따뜻한 음료가 준비되어 있다. 선택한 뜨거운 음료는 뚜껑으로 닫혀 있는 텀블러에 담아주고 컵홀더에 꽂아 달리는 차에서 편하게 마실 수 있도록 해놓았다.

버스가 출발을 하고 이내 런던의 중심가에 들어서 달리기 시작한다. 준비된 티푸드를 먹으랴, 티를 마시랴, 창밖으로 지나는 런던의 풍경을 감상하랴, 친구와 얘기를 나누랴, 바쁜 티타임의 시간이다.

한참을 달렸을 때 스콘과 잼, 클로티드크림을 나누어준다. 샌드위치와 미니 키슈, 스콘, 달콤한 컵케이크와 마카롱으로 런던을 달리며 풍성한 시간을 보내보자. ☕

트래펄가 광장 승차 12:30, 15:00 빅토리아 역 승차 12:00, 14:30, 17:00
020 3026 1188
b-bakery.com

Don't miss

대부분의 볼거리가 왼쪽 창가로 많이 보인다. 예약을 할 때 되도록이면 2층 왼쪽 테이블로 선택하자. 2층 맨 앞자리는 VIP석으로 한 사람당 10파운드의 추가 비용이 든다.

chapter 06

다른 나라의
향기를 찾아

"

어느 날 런던에서 마주친 파리의 맛.

"

파리의 맛을 느끼다

런던과 파리를 연결해주는 유로스타가 출발하는 세인트 판크라스 St Pancras Station 역, 5시 40분에 출발하는 파리행 첫 열차에 올라탔다. 런던 남부를 향해 달리던 열차는 이내 해저터널로 진입해 창밖이 깜깜하다. 어느새 열차는 프랑스 땅을 달리고 출발한 지 2시간 30분쯤 지나니 파리의 중심부로 들어가 북역에 도착한다. 한 시간의 시차로 파리는 오전 9시 20분이 되었다.

일단 아침을 먹어볼까! 앙젤리나Angelina에 가서 프랑스식 아침식사를 말하는 '프티데죄네'petit-dejeuner를 주문한다. 크루아상을 한입 베어무니 바사삭 겉면이 부서지면서 쫄깃한 속에서는 버터향이 확 퍼졌다. 생과일을 그대로 짜내 과육이 살짝 느껴지는 오렌지주스를 한 모금 마시고 다음은 초콜릿이 녹아 있는 팽 오 쇼콜라Pain ou chocolat를 맛본 후 그에 어울리는 진한 커피 한 모금으로 아침잠을 쫓아본다. 오후에는 예술가들이 사랑했던 카페 드 플로르Cafe de flore의 야외 자리에 앉아 진한 쇼콜라쇼를 시켜 당을 보충하고 몽마르트르 언덕으로 가는 길, 파리 최고의 바게트 상을 받았다는 가게 르 그르니에 아 팽Le grenier a pain에서 갓 구워져 나온 뜨끈뜨끈한 바게트를 한 손에 쥐고 다른 한 손으로 뜯어 먹어본다. 마레 지구를 산책하다 파리 시민들이 사랑하는 보주 광장Place des Vosges 앞 테라스 자리에 앉아 쉬어보기로 한다. 파리지앵의 흉내를 내보려면 카페 테라스에서 사색 한 번은 즐겨야 하지 않겠는가.

파리를 산책하다보면 카페 앞 한 방향을 바라보는 야외 자리가 인상적이다. 혼자 앉아 에스프레소를 마시며 책을 읽는 마담 혹은 마드모아젤, 나란히 앉아 속닥속닥 밀담을 즐기는 듯한 남녀, 발끝까지 내려온 블랙코트를 멋지게 차려입고 쌀쌀한 날씨에도 바깥 자리에 앉은 백발의 할머니와 그 옆의 강아지까지. 파리 카페에서 파리지앵들의 일상을 잠시나마 엿볼 수 있다. 다시 런던으로 돌아오는 유로스타 안. 가방 속에 들어 있던 라뒤레의 마카롱을 하나씩 꺼내 먹으며 달콤했던 파리 여행을 마무리한다.

여행중에 뿌렸던 향수가 그 여행지의 향기로 남아 있고, 맛있게 먹었던 여행지의 맛이 느껴질 때면 여행의 추억이 우르르 밀려온다. 바쁜 아침 간단하게 때우려고 준비한 크루아상을 먹을 때, 예뻐서 주문해본 부드러운 케이크가 예상보다 맛있을 때, 마카롱이 정신이 바짝 들도록 달콤함을 채워줄 때, 그렇게 일상 속 무방비 상태에서 파리의 기억이 살아난다. 프랑스 빵 맛을 그대로 만들어내려면 프랑스산 밀가루와 프랑스산 버터, 프랑스산 우유가 필요하고 특히 현지 맛을 내는 비밀인 프랑스의 석회수가 필요하단 말을 들었다. 영국과 프랑스 두 이웃나라의 가까운 거리는 그렇게 런던에서 '파리의 맛'을 그대로 느끼게 해주었던 카페에서 실감했다.

보석 같은 마카롱

Ladurée Covent Garden

라뒤레 코벤트 가든

1 라뒤레 코벤트 가든 지점.
2 대리석 벽난로 장식 위의 사랑스러운 라뒤레 핑크 포장 박스.
3 파리의 라뒤레에서 시간을 보내는 듯한 세팅.

여자들을 설레게 하는 보석을 떠올리면 블루상자와 화이트 리본의 티파니 앤 코가 떠오르듯이 마카롱하면 제일 먼저 떠오르는 것이 에메랄드그린 컬러 포장의 라뒤레이다. 가지런히 진열된 마카롱들을 보고 있노라면 앙증맞은 모양과 색색의 컬러가 보석만큼 아름답고 유혹적이다. 이 작은 럭셔리 디저트는 안을 채우고 있는 필링의 종류에 따라서도 천차만별 맛이 변한다. 바닐라, 초콜릿, 라즈베리, 캐러멜 등의 기본적인 맛부터 유자나 맛차 가루 등으로 채운 새로운 맛의 마카롱들도 만들어지고 있다.

프랑스의 대표적인 디저트 가게, 라뒤레는 1862년 루아얄 거리에 처음 문을 열었다. 파리를 찾은 관광객 중 라뒤레에서 마카롱 맛보기를 계획하지 않은 사람을 찾기 어려울 정도로 라뒤레는 마카롱의 대명사가 되었다. 루아얄 거리의 베이커리와 샹젤리제 거리의 티룸에 이어 오픈한 파리 시내와 공항 곳곳의 매장에서는 하루에 대략 15,000개의 마카롱이 팔리고 있다고 한다. 런던에는 해롯 백화점, 버링턴 아케이드, 코벤트 가든에 라뒤레의 숍과 티룸이 위치하고 있다. 콘힐 지점도 있지만 티룸은 없이 구입만 가능하다.

코벤트 가든 지점은 바로 옆 코벤트 가든의 애플 마켓Apple Market 구경을 마치고 달콤한 프랑스식 티타임을 갖기에 좋은 위치로, 입구에 들어서면 마카롱과 케이크 등의 예쁜 디저트들이 진열되어 있다. 바로 포장해서 나가도 좋고 티룸을 찾아왔다면 계단을 따라 올라가서 테이블 안내를 기다리자. 파리와 같은 분위기의 실내 장식과 테이블 세팅 덕에 파리의 매장에 있는 것 같은 기분이 든다.

메뉴 설명을 읽고 신중하게 마카롱을 골라본다. 필링이 어떤 재료로 만들어졌고 어떤 맛이 나는지 상세히 쓰여 있으니 맛을 상상하며 골라보자. 달콤한 디저트와는 은은한 티가 어울린다. 이름을 보고 고르지 않을 수 없었던 마리 앙투아네트 티와 피스타치오, 로즈, 바닐라 마카롱을 하나씩 맛본다. 마리 앙투아네트 티에서는 그녀가 이런 향수를 뿌렸을까 잠시 상상이 되는 로즈 향과 오렌지, 꿀의 향이 난다. 인공의 향이 싫다면 기본 티나 아메리카노와 함께 즐겨보자.

라뒤레에서의 티타임. 보기 좋은 떡이 먹기도 좋다는 우리나라 속담을 런던에서 프랑스 디저트를 먹으며 실감하는 순간이다. ☕

1, the Market Covent Garden, London, WC2E 8RA
월-목 08:00~23:00 금-토 08:00~23:30 일 08:00~22:30
020 7240 0706
www.laduree.com/en_gb

보석같이 예쁜 라뒤레의 마카롱이 가득한 진열장.

Cuisine de Bar by Poilâne

퀴진 드 바 바이 푸알란

1·2 깔끔하게 정렬된 빵들.
3 혼자 온 사람을 위한 강의실 의자에서 먹는 크루아상과 오렌지주스.
4 은은한 컬러의 나무 인테리어의 편안한 공간.

삼대째 내려오며 100년의 전통을 지켜나가고 있다는 파리의 빵집 푸알란을 런던에서도 만날 수 있다. 첼시에 두 곳이 있는데 한 곳은 판매만 하는 작은 베이커리로 운영되고 있고 한 곳은 카페를 겸하고 있어 아침, 점심, 티타임, 저녁까지 이용 가능하다. 붉은색 빅토리안 맨션들 사이 숨어 있는 듯 조용히 자리잡고 있는 카페다.

이른 아침 계단 몇 개를 걸어올라가 문을 여니 평온한 외관과는 달리 아침을 즐기러 온 사람들로 북적북적하다. 할로겐 조명과 중앙 유리 천장으로 들어오는 자연 채광이 조화롭게 섞여 분위기를 포근하게 만들어내고, 은은한 컬러의 나무 바닥과 그와 연결된 느낌으로 설치해놓은 선반 위에 진열된 빵들이 편안함을 준다. 통통하게 부풀어오른 미니 브리오슈 식빵은 물론, 크루아상, 팽 오 쇼콜라, 애플파이 등이 식욕을 자극한다. 여러 명이 같이 공유하는 테이블과 일행끼리 이야기를 나눌 수 있는 2인용 테이블, 그리고 혼자 온 사람을 위한 강의실 의자와 테이블 자리도 있다. 덕분에 가득찬 카페 안에서도 혼자만의 자리를 차지하는 데 대기 시간이 필요하지 않다.

이곳의 대표 메뉴인 타르틴tartine은 프랑스식 오픈 샌드위치를 말하는데 주문을 하면 오픈 주방에서 빵을 잘라 신선한 재료로 필링을 얹어 바로 만들어준다. '셰프가 필요 없는 카페'라고 스스로 말하는 곳. 오픈 주방을 바라보는 곳에 아버지를 이어 1970년부터 푸알란의 운영을 맡았던 2대 운영자인 리오넬 푸알란의 초상화가 크게 걸려 있다. 그가 프랑스 이외의 지역에서 처음 문을 열었다는 곳이 바로 런던의 푸알란이다. 가문의 정신을 잘 이어가고 있는지 지켜보고 있는 것 같아 아주 인상적이다. ☕

39 Cadogan Gardens, Chelsea, London, SW3 2TB
020 3263 6019
월-금 08:00~20:30 토-일 09:00~18:30
www.cuisinedebar.fr/en

2대 운영자 리오넬 푸알란의 초상화가 벽면에 크게 걸려 있다.

Colbert

콜베르

1 넓은 인도를 차지한 콜베르의 테라스 자리.
2 테라스 자리에서 바라본 슬론 스퀘어 역 부근의 영국적인 풍경.

런던에서는 인도에 여유 있게 자리잡은 파리식 테라스 카페를 찾기가 어렵다. 하지만 슬론 스퀘어 역 부근의 넓은 도로 옆의 인도에 제대로 된 프랑스식 카페가 있다. 와인 컬러의 차양이 멀리서도 눈에 들어오는 곳, 콜베르. 파리의 테라스가 그리운 날엔 이곳으로 가면 좋다. '파리'식 카페에 앉아 '영국'스러운 뷰를 즐길 수 있다. 주변의 명품 부티크와 첼시의 멋쟁이들이 만들어내는 은근한 멋스러움도 주변의 근사한 분위기를 만들어내는 주요인이다.

런던 여행중 가까운 도시 파리를 못 들러 아쉬움이 남는다면 주저 말고 이곳으로 가자. 파리식 아침식사 메뉴, 크로크무슈나 크로크마담 등의 따뜻한 샌드위치, 뜨끈한 어니언 수프를 비롯한 정감 있는 프랑스 가정식 메뉴를 구비한 프랑스식 비스트로 카페이다. 크렘블레, 크레이프, 마들렌, 밀푀유 등 디저트도 안쪽 리셉션에 진열되어 있으니 보고 골라도 좋다. 바깥쪽은 테라스로 분위기를 만들고 안쪽 다이닝 공간은 정말 프랑스에 온 것 같은 인테리어 장식과 분위기가 맞이한다. 화장실마저 '파리'스러운 이곳으로 들어가 잠시 '런던 속 파리 여행'을 떠나보자. ☕

50-52 Sloane Square, London, SW1W 8AX
월-목 08:00~23:00 금-토 08:00~23:30 일 08:00~22:30
020 7730 2804
www.colbertchelsea.com

세계 최고의 요리학교

Le Cordon Blue

르 코르동 블루

1

2

3

1 1950년대 파리의 르 코르동 블루를 연상시키는 외관.
2·3 스트로베리 타르트를 비롯한 수료생들이 만든 프랑스식 디저트들.

1895년 저널리스트 마르트 디스텔에 의해 파리에 설립된 르 코르동 블루. 명실공히 세계 최고의 요리학교인 이곳은 런던을 비롯한 도시에 29개 이상의 학교를 운영하고 있다. 메릴본에서 홀번Holborn 지역으로 이전한 런던 캠퍼스는 학생들에게 최고의 시설을 제공한다. 캠퍼스 안뜰을 바라보는 카페는 학생이 아니어도 방문 가능하다. 외관은 1950년대 파리의 르 코르동 블루를 연상시키는 클래식한 분위기를 반영했는데, 블루와 화이트의 경쾌한 조화가 런던 속 파리를 느끼게 한다.

훈련된 셰프들이 만든 프렌치 디저트와 빵들이 진열되어 있다. 바게트부터 크루아상과 팽 오 쇼콜라, 그리고 르 코르동 블루에서 수료한 학생들이 만든 과일 타르트와 마카롱 등 디저트 라인도 돋보인다. 바게트 안에 연어나 햄과 치즈를 넣은 샌드위치, 오늘의 수프와 키슈 등 따뜻한 메뉴까지 골고루 준비되어 있다. ☕

Pied Bull Yard, 15 Bloomsbury Square, London WC1A 2LS
월-금 07:30~18:30 토 08:00~15:00
020 7400 3900
www.lcblondon.com/london/cafelecordonbleu/en

현지인들에게는 신비로운 매력을,
우리에게는 친숙한 느낌을 선물하는 곳들.

아시안 레스토랑&카페

'런던의 지금'을 가장 발 빠르게 알 수 있는 방법은? 바로『타임아웃 런던Time Out London』을 보는 것이다. 매주 발간되는 잡지 안에 현재의 런던이 들어 있다. 최신 공연 정보와 후기, 개봉할 영화, 주목을 받고 있는 책, 입소문을 타고 있는 카페나 레스토랑 등의 정보는 물론 자체적인 주제를 정해 '런던에서 가장 ○○한 곳'이라는 제목의 베스트 시리즈도 눈여겨볼 만하다. 잡지를 구하지 않더라도 홈페이지(www.timeout.com/london)를 통해 지금 런던에서 벌어지고 있는 핫한 소식을 파악할 수 있다.

런던에서 어떤 재미있는 일들이 벌어지고 있을까 궁금해하며 한 장 한 장 페이지를 넘기던 중 페이지 가장자리에 실린 기사 한 꼭

지가 눈에 들어왔다. 건강한 디저트를 안내하면서 런던에서 맛차를 맛볼 수 있는 카페를 소개한 글이었다. 빵을 주식으로 하는 영국인들에게 초밥이나 회 등이 매우 건강한 음식으로 인식되고 있는 것 같은 인상을 여러 번 받았다. 외국인 친구들과의 만남에 김밥이라도 싸가는 날이면 내 도시락은 인기 만점이었다. 밥과 야채가 주를 이룬 김밥이 그들에겐 건강한 한 끼를 먹는 것처럼 여겨졌나보다.

좋은 음식이라는 것은 알지만 사실 영국인들에게 초밥이나 회, 맛차 가루 등은 아직은 도전의식까지 동원해야하는 음식임에는 분명하다. 맛차가 들어간 맛차 라테나 맛차 아이스크림. 맛차 케이크 등도 이들에게 익숙해지기 시작한 지 불과 몇 년 되지 않았다. 지인이 영국인 친구에게 녹차 아이스크림을 먹으러 가자고 제안했는데 친구가 말하길 '오늘은 그렇게 큰 도전을 견뎌낼 만큼 힘이 남아 있지 않다'고 말했다는 에피소드가 재미있어 기억에 남는다. 맛차가 들어간 디저트를 소개하는 글에서 종종 '이상하고 훌륭한 디저트' 혹은 '용기가 필요한 디저트' 등의 수식 문구만 보아도 그 친구의 반응이 크게 놀랍지는 않다. 쌉싸래한 녹색의 가루가 이들에겐 아직 많이 낯설지만 그 맛에 빠진 이들은 건강한 그 맛을 계속 찾아다니고 있다.

런던의 카페 톰보에서 처음 선보인 후 맛차 음료를 파는 곳이 늘어나 최근에는 영국의 홍차 전문 백화점인 포트넘 앤 메이슨에서도 메뉴로 선보였을 만큼 인기 메뉴로 발전하고 있다. 아시아 푸드에 대한 관심은 점점 커져가고 있어서 김치를 주 재료로 혹은 사이드 메뉴로 선보이는 레스토랑이 눈에 띄기 시작했고 슈퍼마켓에는 '코리안 스타일'의 즉석식품과 한국의 매운 라면이 한 자리씩 차지하고 있기도 하다. 한국 요리와 일본 요리 클래스도 인기가 있는데 제일 첫 시간이 '밥 짓기'인 것도 재미있다.

초밥 바에 앉아 셰프가 초밥을 만드는 마법을 보는 것이 즐겁다는 한 영국인 블로거의 글에서도 느껴지듯이 현지들에게는 오리엔탈의 신비로운 매력을 느끼게 하고 우리에게는 친숙한 느낌을 선물하는 아시안 레스토랑과 카페. 아시안 레스토랑에서 선보이는 애프터눈 티 메뉴는 티타임에 든든한 한끼를 먹을 수 있을 것 같은 기분이 들게 하기도 하고 지나가다 먹은 카페의 팥빵이 향수병을 치료하기도 한다. 🫖

Tombo

톰보

1 티와 함께 여분의 물을 보온병에 같이 내어주는 배려.
2 맛차가 들어간 몽블랑과 맛차 라테.
3 초밥과 일본식 디저트가 담긴 2단 트레이, 일명 J-style 에프터눈 티.

사우스 켄싱턴의 일본식 카페 겸 레스토랑 톰보는 『타임아웃 런던』이 추천한 곳 중 하나다. 입구에 들어서자마자 친절한 일본인 직원들의 환영 인사가 들려온다. 입구 쪽 쇼케이스에는 마카롱, 녹차 몽블랑, 쇼트케이크 등 작고 귀여운 일본식 케이크가 진열되어 있고 메뉴판을 살펴보면 팥을 곁들인 빙수, 녹차 아이스크림 등 우리나라 사람에게 친숙한 메뉴도 구비되어 있다. 단순한 카페로만 봤다면 오산. 도시락 박스나 돈부리, 카레를 곁들인 돈가스 등 일본식 식사 메뉴가 든든하게 준비되어 있어 점심시간에는 대기를 해야 할 만큼 식사를 하러 온 손님들로 붐빈다.

오후 3시부터 5시까지가 애프터눈 티를 즐길 수 있는 시간. 이곳에서는 조금 특별한 티세트를 선보이고 있다. 2단 트레이의 위층에는 초밥과 롤, 간장과 와사비까지 일식으로 준비해주고 트레이의 아래층에는 단팥빵과 맛차 케이크, 마카롱 등의 일본 분위기가 가미된 디저트를 준비해준다. 포함된 티는 메뉴판의 많은 종류의 티 중에서 고를 수 있다.

티를 우려낸 티팟과 여분의 뜨거운 물을 보온병에 따로 내주어서 충분히 많은 양의 티를 즐길 수 있다. 샌드위치 대신 초밥을, 스콘 대신 롤을, 티타임의 끝엔 달지 않은 케이크로 마무리할 수 있는 건강한 메뉴 구성이다. 친절한 스태프 또한 이 집에 가산점을 줄 수 있는 요인. 출출한 오후 3시 밥도 먹고 싶고 디저트도 먹고 싶은 때 들러 일본식 애프터눈 티타임을 즐겨보자.

'런던의 첫번째 맛차 카페'라는 타이틀에 부응하듯 맛차를 이용한 다양한 음료 또한 준비되어 있다. 진한 맛차 맛에 익숙한 우리나라 사람에게는 약간 심심할 수도 있는 맛이지만 홍차나 커피에 잠시 질렸을 때 기분 전환 겸 마셔보자. ☕

29 Thurloe Place, London, SW7 2HQ
월-토 11:30~21:30 일 11:30~20:00 마지막 주 금 11:30~22:00
애프터눈 티 15:00~17:00
020 7589 0018
tombocafe.com

혼자만의 시간도 어색하지 않은 바 테이블.

Ichi Sushi and Sashimi Bar

이치 스시 앤 사시미 바

1

2

1 로비 라운지와 연결된 작은 규모의 일식 레스토랑.
2 다리 모형 위를 가득해운 초밥과 다양한 티푸드.

웨스트민스터 브리지 끝에 위치한 파크 플라자Park Plaza 호텔은 안에서 보이는 빅벤의 전망으로 유명하다. 호텔 입구로 들어가 에스컬레이터를 타고 올라가면 모던한 분위기의 세련된 로비 라운지에 도착한다. 로비 라운지의 한쪽 작은 공간의 이치 스시 앤 사시미 바에서 알찬 구성의 스시 애프터눈 티 메뉴를 맛볼 수 있다.

미리 세팅되어 있는 테이블의 냅킨 위에 포크와 나이트, 젓가락이 얌전히 더해져 있다. 티 메뉴에서 고심을 하다 화이트 애프리콧White Apricot을 주문해본다. 이름처럼 깨끗하고 은은한 살구 향이 입맛을 돋운다. 주문과 동시에 만드는지 조금 기다려야 하는 티푸드가 드디어 나오는 순간, 작은 탄성이 나온다. 일반적인 3단 트레이가 아닌 다리 모형의 플레이트가 테이블에 놓여진다. 플레이트 위의 롤 세 종류와 초밥 세 종류가 일단 시선을 끈다. 스시 애프터눈 티이지만 영국의 애프터눈 티 메뉴답게 스콘이 한가운데 자리를 잡고 있다. 오리엔탈 터치가 돋보이는 미니 케이트 종류까지 푸짐하고 예쁜 모양들에 눈으로 한참을 즐기게 된다. 샌드위치 대신 롤과 초밥으로 든든하게 배를 채우고 스콘으로 묵직한 영국식 디저트를 경험할 수 있다. 상큼한 케이크로 티타임을 마무리할 수 있는 이곳의 스시 애프터눈 티는 출출한 시간, 밥을 원하는 여행자나 케이크와 스콘을 원하는 여행자가 함께 메뉴 고민을 할 때 모두를 만족시키는 해결사가 되어줄 것이다.

오픈 테이블 사이트(www.opentable.co.uk)를 통해 예약하면 편리하다. '스페셜 리퀘스트'에 스시 애프터눈 티를 원한다고 쓰자. 단, 스시 애프터눈 티는 꼭 48시간 전에 미리 예약을 해야 한다. ☕

Park Plaza Westminster Bridge, London, SE1 7UT
일-목 12:00~15:00, 17:30~22:30 금-토 12:00~15:00, 17:30~23:00
020 7620 7373
www.ichisushi.co.uk

Don't miss

작은 규모의 레스토랑이라 빅벤의 전망을 볼 수 있는 창가 자리는 단한 자리. 서둘러 예약을 하는 것이 좋다. 하지만 예약을 못 했다고 해서 실망하지는 말자. 파크 플라자의 로비 라운지에 빅벤과 웨스트민스터가 통창으로 시원하게 펼쳐지는 탁 트인 공간이 있다. 벤치에 앉아서 풍경을 감상해도 좋다.

빵 혹은 밥, 다른 취향의 입맛을 가진 두 사람이 동시에 행복할 수 있는 애프터눈
티 메뉴.

Yauatcha

야우차

1 야우차의 시그니처 메뉴로 구성된 딤섬 세트, 테이스티 오브 야우차.
2 딤섬 레스토랑임을 잊을 만큼 훌륭한 디저트.

평일 낮에도 열기가 가득한 소호. 좁은 골목이 복잡하게 얽혀 있는 이곳은 골목마다 다른 매력이 펼쳐진다. 영국식 펍은 물론 한국, 중국, 일본, 태국, 레바논 등 각국의 요리를 선보이는 맛집들이 모여 있다. 그중 유난히 눈에 띄는 푸른색 문이 신비감마저 주는 곳이 있다. 차이니즈 레스토랑으로 미슐랭 1스타를 받은 야우차. 런던의 유명 고급 일식집 하카산Hakkasan과 대표 레스토랑 부사바Busaba를 창립한 앨런 야우Alan Yau가 만들어낸 또 하나의 유명 레스토랑이다.

테이블을 정확하게 비추는 핀 조명과 모던한 가구의 인테리어가 호텔 바에 온 듯한 느낌을 준다. 맛있는 냄새와 함께 나누는 이야기에 음악이 섞인 시끌시끌함이 이곳을 가득 채우고 있다. 직장인들과 고향의 음식을 맛보러 온 것 같은 중국인 손님들이 대부분이다.

월요일부터 목요일 오후 2시~6시에 '테이스트 오브 야우차'라는 이름으로 중국식 애프터눈 티 메뉴를 선보이고 있다. 중국식 차와 다양한 딤섬을 즐길 수 있는 2인용 실속 메뉴이다. 안에 들어 있는 새우가 다 비쳐 보일 정도로 얇은 피의 하가우har gau, 단호박을 넣은 덤플링, 겹겹이 얇은 도우로 감싸 튀긴 사슴고기의 베니슨 퍼프 venison puff, 치킨과 새우를 넣은 풍부한 맛의 수이마이shui mai, 트러플로 향을 더한 버섯 스프링롤, 육즙이 가득한 샤오롱분siew long bun, 새우 살과 유부를 튀긴 것을 다시 라이스페이퍼로 감싸 소스를 부어 먹는 청펀cheung fun, 연잎에 치킨 살을 곁들여 쪄낸 밥으로 구성된 세트가 맛과 포만감을 동시에 준다. 현지인들이나 관광객, 누구나 부담없이 먹을 수 있는 향신료 향이 강하지 않은 담백한 맛의 음식들은 깔끔한 중국차와 함께 충분히 이국적인 티타임을 갖게 한다.

출입구 쪽 창가를 따라 설치된 긴 쇼케이스에는 섬세한 공정이 돋보이는 아주 예쁜 디저트들이 진열되어 있어 눈길을 사로잡는다. 배불리 먹고 달콤한 디저트로 마무리하고 싶다면 눈여겨봐도 좋겠다. 작은 케이크와 초콜릿 마카롱까지 종류가 다양하다. 진한 핑크빛 장미 모양의 라즈베리 델리스Raspberry delice와 작은 컵에 담긴 오리엔탈 분위기의 귀여운 디저트 리치 로즈Lychee rose, 밀크 초콜릿과 재스민 향이 더해진 무스 재스민 허니Jasmine honey를 추천한다.

소호의 다이내믹한 매력처럼 이곳 야우차도 에너지 넘치고 맛이 넘치는 공간이다. 깔끔한 분위기에서 딤섬 메뉴를 맛보고 활기찬 분위기를 같이 즐길 수 있는 곳. 파란 문을 열고 들어가보자. ☕

15-17 Broadwick Street, Soho, London, W1F 0DL
일-목 12:00~22:00 금-토 12:00~22:30
020 7494 8888
www.yauatcha.com

세련된 공간, 맛있는 딤섬의 세계로 안내할 야우차의 파란 문.

Le Chinois

르 시누아

1 티와 함께 포함된 프로세코.
2 묵직한 레드 티팟에 우려져 나와 오랫동안 식지 않는 차이니즈 티.
3 3단 트레이를 가득채운 딤섬과 디저트.

슬론 스트리트의 밀레니엄 호텔 나이트 브리지Millennium Hotel Knightsbridge에 있는 이곳의 차이니즈 레스토랑 르 시누아에서는 딤섬 애프터눈 티를 즐길 수가 있다. 호텔 로비의 리셉션 맞은편 계단을 따라 올라가면 안내를 해준다. 미리 예약해놓은 딤섬 애프터눈 티를 확인하고는 바로 묵직한 무쇠 티팟에 티가 제공되고 프로세코 한 잔씩이 주어진다.

블랙 트레이와 원형 구조물이 심플한 느낌을 주는 3단 트레이에 다양한 딤섬과 디저트가 가득 담겨 나온다. 작은 유리컵에는 얇게 튀긴 치킨 스틱이 담겨 있고, 오리고기를 넣은 스프링롤, 와사비 소스로 버무린 새우, 양배추 위에 담은 치킨, 바삭하게 튀긴 관자 롤, 돼지고기 바비큐 넣은 찐빵, 쫄깃한 모찌 케이크와 슬라이스 망고, 3단 트레이와 별도의 딤섬 바스켓에 수이마이가 제공되어 한상 푸짐하다. 따뜻한 차이니즈 티는 묵직한 티푸드와 아주 잘 어울린다.

선택의 고민 없이 푸짐하게 맛볼 수 있는 딤섬 애프터눈 티를 즐겨보자. 제일 위 칸의 바삭한 튀김류부터 부드러운 새우 요리, 아래 칸의 찐빵과 모찌 디저트까지 풍성한 티타임을 즐길 수 있다. ☕

17 Sloane Street, Knightsbridge London, SW1X 9NU
매일 12:00~22:30 애프터눈 티 12:00~17:00
020 7201 6330
www.lechinoisrestaurant.co.uk

66

한 도시 안에서의 세계 여행
런던이라 가능한 일.

99

그 밖의 이국적인 공간들

겨울날 콜럼비아 로드 플라워 마켓에 다녀오는 길, 으슬으슬한 기운이 몸을 파고들어와 따끈한 국물 생각이 간절해졌다. 베트남 식당이 모여 있는 킹스랜드 로드Kingsland Road로 발길을 돌렸다. 골목 하나 차이로 베트남 어느 거리로 순간 이동한 기분이 든다. 다양한 민족이 모여 사는 런던. 이민자들이 그들의 문화를 뿌리내리면서 도시 속의 도시를 조성했다. 홍등 장식이 이국적인 차이나타운을 비롯해, 유대인이 많이 거주한다는 골더스 그린에는 유대 율법에 따라 조세된 코셔Kosher 식품을 파는 상점이 많고 동네마다 터키시 딜라이트를 파는 중동 식품점이 하나씩은 있다. 🫖

I Love Nata

아이 러브 나타

1 대표 메뉴는 딱 하나, 에그타르트. 2 에그타르트와 잘 어울리는 진한 커피.
3 귀여운 사이즈의 낱개용 포장 상자. 4 에그타르트의 노란 크림을 연상시키는 노란색 인테리어.

에그 타르트는 리스본의 제로니무스 수도원Jeronimos Monastery의 수녀들에 의해 처음 만들어졌다고 한다. 당시 수녀복의 풀을 먹이기 위해 달걀흰자를 사용했는데 이때 남은 노른자를 버리기 아까워 디저트를 만들어볼까 했던 아이디어가 에그 타르트의 시작이 되었다. 에그 타르트의 원조라는 리스본의 파스테이스 드 벨렝Pasteis de Belem에서는 수도원의 비법을 전수받아 그 맛을 5대째 이어오며 하루에 많으면 3만 개의 타르트를 판매하고 있다고 하니 원조의 위엄이란 이런 것이 아닐까 경이롭다.

원조를 맛보지 못한 아쉬움을 런던에서 조금 달랠 수 있다. 오픈하자마자 입소문을 타서 "파스테이스 드 벨렝의 타르트에 버금가는 최고의 에그 타르트"라는 평을 받고 있는 곳이 있다. 런던에 있는 작은 규모의 가게, 아이 러브 나타. 노랑과 검정의 대비로 지루하지 않은 분위기의 작은 가게. 미니 쇼케이스에 오로지 에그 타르트만이 진열되어 있는 전문점이다.

테이블 위에는 슈가 파우더와 시나몬 파우더가 들어 있는 에그 타르트 모양의 케이스가 있어서 취향대로 먹을 수 있다. 겹겹이 바삭한 페이스트리가 한입 베어 물자마자 바사삭 기분좋은 식감과 함께 어느새 녹아 없어질 때쯤 타르트의 크림이 입안에 부드럽게 흐른다. 이 식감과 맛이야말로 이 타르트가 '원조의 맛'이라는 평을 듣는 이유. 맛있게 에그 타르트를 빠른 속도로 해치우고 나서 왠지 아쉬운 마음이 들면 박스에 포장을 요청해도 된다. 작은 상자 안에 테이블 서비스와 마찬가지로 포장된 시나몬 파우더와 슈가 파우더를 넣어준다. ☕

Latchfords Yard, 61 Endell St, London, WC2H 9AJ
월-토 08:00~21:00 일 10:00~19:00
020 7836 7049
www.ilovenata.co.uk

포르투갈 원조의 맛을 선물하는 맛.

BRGR. Co

BRGR. Co

미니 버거 세 종류와 디저트가 한 플레이트 가득 담겨져 나온다.

런더너들의 햄버거 사랑에 부응하듯 미국의 유명 햄버거 브랜드 두 곳이 런던에 문을 열었다. 오바마가 방문해서 유명세를 탔다는 파이브 가이즈Five Guys와 뉴욕에서 줄 서서 먹는다는 쉑쉑버거다. 햄버거의 본고장에서 온 두 곳의 햄버거 맛은 어떨까. 확실히 다른 분위기와 맛으로 승부를 걸고 있는 두 곳 중 어느 쪽이 더 맛있는지 미국이 아닌 런던에서 판가름 내보는 것도 재미있겠다.

영국에도 서로 자기네 햄버거가 제일 맛있고 전문적이라고 주장하는 햄버거 브랜드가 열 손가락이 모자랄 만큼 많다. 대형 체인부터 개인이 운영하는 곳까지 그 형태도 다양하다. 그만큼 햄버거는 영국인들의 큰 사랑을 받고 소비량이 많은 메뉴 중 하나다!

소호의 BRGR. Co 역시 햄버거를 주 메뉴로 내세우며 근처 직장인들의 점심을 책임지는 곳이다. 도보 5분 거리는 배달해준다는 이례적인 서비스에서 그 인기가 실감이 된다. 레바논의 수도 베이루트에 본점을 두고 있는 이곳은 런던의 소호와 첼시에 하나씩 지점을 두고 있다. 중동Middle East에서 런던의 중심부Middle of London로 맛있는 버거를 제공하기 위해 왔다는 기사 내용이 재미있다.

오픈 주방의 그릴에서 패티를 굽는 냄새와 연기가 퍼져나온다. 벽돌로 된 벽의 소머리 장식이 유쾌하다. 목초를 먹여 키운 소의 고기를 스코틀랜드의 믿을 수 있는 정육점에서 제공받는다고 설명하고 있어 신뢰감이 든다. 모든 버거는 번 없이 주문 가능하고 추가 요금 없이 샐러드를 제공하여 여성들에게 인기 있다. 클래식 버거뿐 아니라 육질이 살아 있는 스테이크 버거도 많이 찾는 메뉴다.

수많은 런던의 햄버거 레스토랑 중에서도 이곳을 찾는 이유는 바로 '햄버거 애프터눈 티' 때문이다. 미국의 대표 음식 햄버거에 영국의 전통 티타임을 결합시켜 만들어낸 메뉴의 신선함이 구미를 당긴다. 1인용 트레이에 비프 앤 치즈버거, 치킨과 코울슬로 버거, 연어와 새우를 섞어 만든 버거가 조로록 귀여운 모습으로 놓이고(패티 종류는 시즌별로 달라지지만 세 종류 미니 버거라는 점은 같다) 작은 바스켓에 담긴 칩스와 디저트로 타르트와 브라우니가 제공된다. 미니 잔에 담긴 귀여운 한입거리 셰이크까지. 테이블 위에 기본 세팅이 되어 있는 여러 종류의 소스(케첩, 마요네즈, 머스터드, 타바스코 등)를 곁들여 먹으면 더 풍성한 맛을 느낄 수 있다. 햄버거 맛으로만 보면 기가 막힌 맛은 아니지만 두 종류의 음료와 미국식 디저트까지 한 세트로 이루어진 재미에서는 충분히 점수를 줄 수 있다.

187 Wardour Street, London, W1F 8ZB
월-토 12:00~23:00 일 12:00~22:30 애프터눈 티 15:00~17:00
020 7920 6480
www.brgrco.co.uk

햄버거 애프터눈 티에 포함된 두 가지 종류의 음료.

하나, 티팟에 뜨거운 물을 부어주며 씻어내면서 따뜻하게 데워준다.

둘, 1인분에 1티스푼 정도를 하나의 티팟에 넣는 것이 적당하다. 티백일 경우에는 1인분에 한 개의 티백을 하나의 티팟에 넣는다. 티백을 티팟이 아닌 컵에 바로 우려냈다면 4~5분 안에 꺼내고, 과일향의 차나 녹차일 경우에는 보통 1~2분 뒤에 꺼낸다.

셋, 홍차일 경우에는 끓는 물을 준비하고 녹차 혹은 백차일 경우에는 끓기 직전의 70~88도의 물을 준비한다.

넷, 우려낸 티를 즐길 때, 우유를 언제 넣느냐는 예전부터 다른 주장이 대립해오고 있다. 전통적으로는 티를 넣기 전에 우유를 찻잔에 먼저 넣었다. 이는 고급 찻잔을 보호하기 위함과 동시에 두 종류의 액체가 섞일 때 우유를 먼저 넣는 것이 더 좋다는 이유였다. 과학적으로는 우유를 나중에 넣으면 홍차가 너무 빨리 식어서 우유의 지방 성분이 막을 형성하기 때문이라고도 한다. 우유를 뒤에 넣으면 우유의 농도를 원하는 만큼으로 맞출 수 있다는 장점이 있으니 결론은 개인의 취향에 따라서! 우유가 먼저든 홍차가 먼저든 상관없다.

다섯, 우려낸 티는 우유 대신 레몬 조각을 곁들여 먹기도 한다.

여섯, 다른 티팟에 여분의 뜨거운 물을 따로 준비해놓는다.

하나, 티스푼이 찻잔에 부딪히지 않게 저어준다.

둘, 티스푼은 입에 넣지 않는다. 사용한 티스푼은 찻잔에 꽂아두지 않고 컵받침에 놓아둔다.

셋, 찻잔 손잡이에 손가락을 넣지 않고 엄지와 검지를 사용해서 짚듯이 잡는다.

넷, 찻잔을 집어들었을 때 절대로 새끼손가락을 펴지 않는다.

다섯, 쿠키나 비스킷을 티에 담그지 않는다.

여섯, 테이블에 팔을 올려 기대지 않는다.

마치며

이삿날이 밝았다. 창가 바로 옆까지 뻗어나온 나뭇가지에 앉은 작은 종달새 하나가 아침부터 유난스럽게 소리를 냈다. 처음 런던에 왔을 때 아침마다 들려오던 도심 속의 새소리가 낯설게 느껴지던 것이 엊그제 같은데, 어느덧 새소리를 알람 삼아 일어나는 것이 당연해졌다. 남편이 케임브리지에서 일하게 되어 런던을 떠나게 되었다. 텅 빈 집을 눈에 한번 담고 영국에서의 두번째 보금자리를 향해 출발했다.

이제 나에게도 런던은 사는 곳이 아닌 여행지가 되었다. 친구를 만나러, 꽃 수업을 하러, 주말의 데이트를 위해 기차를 타고 '런던 여행'을 떠난다. "Next station is London King's Cross." 기차 안내방송을 들으니 몇 년 간 나의 일상이었던 런던이 다시금 여행지로 느껴진다.

케임브리지에 이사 온 후 제일 자주 들르는 곳은 매일 열리는 마켓이다. 마켓의 한쪽에서는 주변 지역에서 수확한 과일과 야채들을 판매한다. 슈퍼마켓에서는 과일에 약간의 상처만 있어도 내려놓는데 마켓의 과일 코너에서는 조금 흠집이 있거나 조금 못생겼어도 용서가 된다. 가을이 되면 먹음직스러운 과일들이 쌓여 있는 탐스러운 풍경은 걸음까지 멈추게 한다. 진한 보랏빛의 자두를 보는 순간 자두가 머릿속에서 맛있는 잼으로 변했다. 오늘은 잼을 한번 만들어볼까!

집으로 돌아와 자두를 깨끗하게 썻어 손질을 한다. 긴 시간이 걸릴 것을 대비해 즐겨보는 드라마 한 편을 켠다. 설탕과 자두를 냄비에 넣고 계속해서 저어주다보면 곧 걸쭉해진다. 물을 담은 컵에 한 방울 떨어뜨렸을 때 풀어지지 않고 덩어리가 유지되면 완성이라는 요리책 속의 선생님을 믿고 홈메이드 잼을 완성했다. 끓는 물에 넣어 뽀독뽀독 소독한 유리병에 뜨거운 잼을 담아 병을 거꾸로 놓는 것까지! 잼을 식히는 동안 스콘을 구워보기로 했다. 스콘 굽기는 이제 계란 프라이만큼이나 쉬워졌다고 자만하며 구워낸다.

냄비에 남은 잼을 주걱으로 싹싹 긁어 갓 구운 스콘에 듬뿍 얹고 크게 한입 베어 문다. 스콘을 굽다가 남은 생크림을 거품기로 돌려 클로티드 크림 대신 잼과 함께 발라먹는다. 오랫동안 끓인 잼과 갓 구운 스콘으로 나의 티타임은 그렇게 천천히 완성되었다. 동네 마켓의 유혹적인 과일 덕분에 오늘 하루는 나만을 위한 슬로 라이프를 보냈다. 문득 책에서 보았던 타샤 튜더 할머니의 말이 생각난다. "애프터눈 티에 할애하는 시간보다 즐거운 시간은 없지요."

커피는 잠깐의 각성을 위한 것이니 'break'란 단어를 붙여주고 티는 천천히 음미하며 시간을 갖는다는 뜻으로 'time'을 붙인다고 한다. 바쁜 일상을 잠시나마 슬로 라이프로 만들어주는 것이 티타임이 아닐까. 아침에 일어나 모닝티로 잠을 깨우고 오후의 티타임으로 바쁜 하루에 잠시 쉼표를 찍고 잠들기 전 따뜻한 차로 몸을 데운다. 이렇듯 하루에도 서너 번씩 티타임을 갖는 영국인들처럼 바쁜 일정 중에 천천히 나를 돌아보는 시간을 가졌다면 제대로 런던 여행을 하고 돌아가는 것이다. 여행이 끝나고 일상으로 돌아가 런던이 사무치게 그립다 생각될 때는 아마도 진한 홍차 한 잔에 크림과 잼을 듬뿍 얹은 스콘 하나 먹었으면 좋겠다 싶은 순간일 것이다. "애프터눈 티에 할애하는 시간보다 즐거운 시간은 없다"고 추억하며. 🍵

런던, 티룸

| 초판 1쇄 인쇄 2017년 2월 22일 | 초판 1쇄 발행 2017년 2월 28일

| 지은이 김소윤

| 기획 한문숙 | 책임편집 강소이 | 편집 이현화 | 디자인 엄자영
| 마케팅 방미연 한민아 함유지 | 홍보 김희숙 김상만 이천희
| 제작 강신은 김동욱 임현식 | 제작처 영신사

| 펴낸이 고미영
| 펴낸곳 (주)이봄
| 출판등록 2014년 7월 6일 제406-2014-000064호
| 주소 10881 경기도 파주시 회동길 210
| 전자우편 yibom01@gmail.com | 팩스 031-955-8855
| 문의전화 031-955-8862(마케팅) 031-955-1909(편집)

ISBN 979-11-86195-71-0 03980

• 이 도서의 국립중앙도서관 출판시도서목록(CIP)은 서지정보유통지원시스템 홈페이지
  (http://seoji.nl.go.kr)와 국가자료공동목록시스템(http://www.nl.go.kr/kolisnet)에서
  이용하실 수 있습니다. (CIP제어번호: CIP2016025186)

springtenten yibom_publishers